Wolf-Michael Kähler

# dBASE III PLUS

Anleitung für die Arbeit mit einem
relationalen Datenbanksystem auf dem PC

**Einführung in die Anwendung von Framework III**
von Bill Harrison (Ein ASHTON-TATE/VIEWEG-Buch)

**Programmieren mit Framework III**
von der Forefront Corporation (Ein ASHTON-TATE/VIEWEG-Buch)

**Professionelle Programmentwicklung mit Framework III**
von der Forefront Corporation/Bill Kling
(Ein ASHTON-TATE/VIEWEG-Buch)

Wolf-Michael Kähler
**dBASE III PLUS**
Anleitung für die Arbeit mit einem
relationalen Datenbanksystem auf dem PC

**dBASE III PLUS — Schritt für Schritt**
von R. A. Byers (Ein ASHTON-TATE/VIEWEG-Buch)

**dBASE III PLUS — Kommerzielle Anwendungen**
von R. A. Byers (Ein ASHTON-TATE/VIEWEG-Buch)

**Programmierleitfaden SQL**
von S. Limbach/A. Schätzel

**Unternehmensanalyse mit Javelin**
von E. Hering

**MultiMate II**
von D. Anderson/J. McBeen (Ein ASHTON-TATE/VIEWEG-Buch)

**Ein praktischer Führer für das Datenbankmanagement**
Auerbach-Managementwissen der Datenverarbeitung 4
hrsg. von J. Hannan

**Software Trainer Aufbaustufe**

Wolf-Michael Kähler

# dBASE III PLUS

Anleitung für die Arbeit
mit einem relationalen Datenbanksystem
auf dem PC

Springer Fachmedien Wiesbaden GmbH

CIP-Titelaufnahme der Deutschen Bibliothek

**Kähler, Wolf-Michael:**
dBASE III PLUS: Anleitung für d. Arbeit mit
e. relationalen Datenbanksystem auf d. PC /
Wolf-Michael Kähler. — Braunschweig;
Wiesbaden: Vieweg, 1988
  (Software-Trainer: Aufbaustufe)
  ISBN 978-3-519-09312-1

Das in diesem Buch enthaltene Programm-Material ist mit keiner Verpflichtung oder Garantie irgend-
einer Art verbunden. Der Autor und der Verlag übernehmen infolgedessen keine Verantwortung und
werden keine daraus folgende oder sonstige Haftung übernehmen, die auf irgendeine Art aus der
Benutzung dieses Programm-Materials oder Teilen davon entsteht.

Umschlaggestaltung: Ludwig Markgraf, Wiesbaden

ISBN 978-3-519-09312-1          ISBN 978-3-663-16316-9 (eBook)
DOI 10.1007/978-3-663-16316-9

# Vorwort

In der kommerziellen und administrativen Datenverarbeitung werden in zunehmendem Maße Datenbanksysteme bei der Verwaltung und Auswertung von Datenbeständen eingesetzt. Dabei werden bevorzugt relationale Datenbanksysteme verwendet, da bei diesen Systemen die Datenspeicherung unabhängig von der jeweils durchzuführenden Verarbeitung erfolgen kann.

Dieses Buch stellt den Leistungsumfang des relationalen Datenbanksystems dBASE III PLUS (ein Produkt der Firma Ashton-Tate) vor, das auf Mikrocomputern zum Einsatz kommt. Als Vorbereitung für die Anwendung dieses Systems wird gezeigt, wie Datenbestände gegliedert sein müssen, damit die Daten in möglichst nur einfacher Ausfertigung - und nicht an mehreren Stellen identisch - abgespeichert werden können. Diese Gliederung des Bestands wird an Beispieldaten erläutert, auf die bei der nachfolgenden Beschreibung der dBASE-Befehle Bezug genommen wird.

Einleitend wird das Prinzip dargestellt, nach dem sich Daten aus dem Datenbestand zur Verarbeitung bereitstellen lassen. Es schließt sich die Darstellung der grundlegenden Befehle für den Aufbau, die Sicherung und den Zugriff auf eine Datenbank an. Danach wird gezeigt, wie sich Bestandsänderungen durchführen und Daten auf dem Bildschirm anzeigen oder einem Drucker ausgeben lassen.

Beim Einsatz von dBASE III PLUS können Befehle nicht nur einzeln über die Tastatur eingegeben werden, sondern es lassen sich auch Befehle, die zuvor gespeichert worden sind, packetweise ausführen. Diese gespeicherten Befehle können wiederholt bzw. in Abhängigkeit von Bedingungen ausgeführt werden. Die diesbezüglich möglichen Kontrollstrukturen zur Ablaufsteuerung werden zunächst durch Struktogramme graphisch beschrieben, bevor die zugehörigen Befehle vorgestellt und deren Einsatz bei der Verarbeitung der Beispieldaten erläutert wird.

Dieses Buch unterstützt sowohl das spontane Arbeiten mit dBASE III PLUS als auch die Auseinandersetzung mit den theoretischen Grundkonzepten für einen erfolgreichen Einsatz eines relationalen Datenbanksystems auf einem Mikrocomputer. Die Darstellung ist so gehalten, daß keine Vorkenntnisse aus dem Bereich der Elektronischen Datenverarbeitung vorhanden sein müssen. Das Buch eignet sich zum Selbststudium und als Begleitlektüre für Kurse, die das Datenbanksystem dBASE III PLUS zum Inhalt haben.

Zur Lernkontrolle sind Aufgaben gestellt, deren Lösungen im Anhang in einem gesonderten Lösungsteil angegeben sind.

Das diesem Buch zugrundeliegende Manuskript wurde in dBASE-Kursen eingesetzt, die am Rechenzentrum der Universität Bremen durchgeführt wurden.

Für nützliche Hinweise bin ich den Kursteilnehmern und für die kritische Durchsicht des Manuskripts meinen Kollegen zu Dank verpflichtet.

# Inhaltsverzeichnis

# 1 Traditionelle Datenverarbeitung und Datenbanksysteme

## Traditionelle Datenverarbeitung

Gegenstand der kommerziellen und administrativen Datenverarbeitung ist die Speicherung, die Verwaltung und die Auswertung von Datenbeständen unter Einsatz von elektronischen Datenverarbeitungsanlagen. Zur Lösung der gestellten Aufgaben werden Programme zur Ausführung gebracht. Unter einem *Programm* wird eine in einer künstlichen Sprache - einer sogenannten Programmiersprache - abgefaßte Beschreibung verstanden, die angibt, wie Daten verarbeitet werden sollen. Programme unterscheiden sich unter anderem dadurch, wie sie Bestandsdaten speichern und wie sie auf diese Datenbestände zugreifen. Hierbei sind die Methoden der traditionellen Datenverarbeitung zu unterscheiden von den Prinzipien, nach denen sogenannte Datenbanksysteme eingesetzt werden. Wir erläutern diesen Unterschied beispielhaft an der Verarbeitung von Vertreterstammdaten (wie etwa Vertretername und Anschrift), Artikelstammdaten (wie z.B. Artikelname und Preis) und Umsatzdaten (wie etwa Datum und Anzahl). Bestandsänderungen und mögliche Auswertungen der Bestandsdaten lassen sich in der traditionellen Datenverarbeitung etwa wie folgt beschreiben:

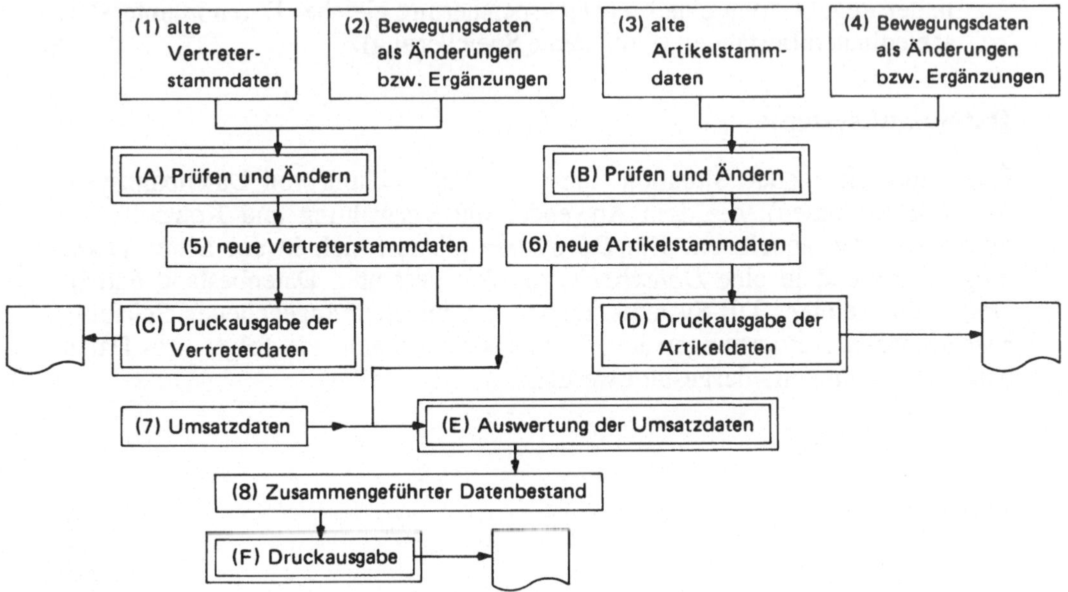


Hinweis:

Zur Unterscheidung von den Datenbeständen sind Programme in der Zeichnung durch eine doppelte Umrahmung markiert.

Die Programme (A), (B), (C), (D), (E) und (F) müssen sämtlich Kenntnis davon haben, wie die jeweils zu verarbeitenden Datenbestände strukturiert und abgespeichert sind. Dabei haben sich die Programme (A) und (B) an den Speicherformen von (1) und (2) bzw. von (3) und (4) zu orientieren. Innerhalb der Programme (A) und (B) werden die Speicherformen für die Ablage von (5) und (6) bestimmt, wonach wiederum die Programme (C), (D) und (E) ausgerichtet sein müssen. Durch (E) wird die Ablage von (8) vorgegeben, woran sich wiederum (F) orientieren muß. Auffällig ist, daß die Datenbestände (1), (5) und (8) bzw. (3), (6) und (8) in einigen Teilen übereinstimmen, so daß Daten redundant, d.h. doppelt oder sogar mehrfach, gespeichert sind.

Jedes Programm sollte die zu verarbeitenden Daten überprüfen, so daß in (A), (C) und (E) jeweils gleichartige Kontrollen eingebaut sein müssen. Sind nach der Ausführung von (A) und (E) zur Aktualisierung der Daten weitere Änderungen in (1) durch eine erneute Ausführung von (A) vorzunehmen, so ist der Bestand (8) solange nicht mehr im Einklang (konsistent) mit dem Bestand (5), bis er durch eine erneute Ausführung von (E) auf den aktuellen Stand gebracht worden ist.

Durch dieses Beispiel sind die wesentlichen Merkmale der *traditionellen Datenverarbeitung* hervorgehoben:

-   zur Verarbeitung von Daten muß ein Programm genaue Kenntnis darüber haben, wie die Daten auf dem Datenträger physikalisch gespeichert sind,

-   die Datenkontrolle (Konsistenzprüfung) ist von jedem Programm gesondert durchzuführen und

-   in der Regel erfolgt eine Mehrfachspeicherung gleicher Daten in unterschiedlichen Beständen (redundante Speicherung).


## Datenbanksysteme

Diese unbefriedigende Situation führte zur Entwicklung von Datenbanksystemen (DB-Systemen), die dem Anwender die Verwaltung und Kontrolle von Datenbeständen abnehmen. Ein *DB-System* gliedert sich in ein *Datenverwaltungssystem* und in eine *Datenbasis*, die den gesamten Datenbestand enthält. Unter Einsatz eines DB-Systems können die im oben angegebenen Schaubild beschriebenen Auswertungen und Bestandsänderungen wie folgt - als Datenbank-Anwendungen - dargestellt werden:

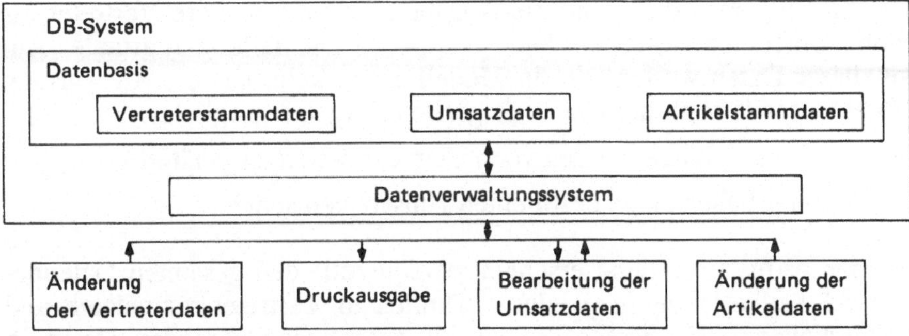


Jetzt bildet das Datenverwaltungssystem die Schnittstelle zum gesamten Datenbestand, so daß jede DB-Anwendung ihre Anforderungen an das Datenverwaltungssystem stellen muß. In dieser Situation werden nur die Kenntnisse über die
logischen Beziehungen in demjenigen Teil der Datenbasis benötigt, der von einer Anwendung bearbeitet werden soll. Es ist nicht mehr erforderlich, daß die
logische Struktur des Gesamtbestands und die Form, in der die Daten auf dem
Datenträger physikalisch abgespeichert sind, bekannt sind.

## Konzeption einer Datenbasis und Datenmodelle

Vor der Einrichtung einer Datenbasis unter Einsatz eines DB-Systems muß ein
geeignetes *Datenmodell* entwickelt werden, das die Untersuchungsgegenstände
(Objekte) und ihre Beziehungen zueinander im Rahmen des vorgegebenen Pro-
blemzusammenhangs geeignet widerspiegelt. Das Ergebnis der Modellbildung
wird das *konzeptuelle Schema* genannt. Dieses Schema gibt einen Überblick
über das Gesamtmodell auf der logischen Ebene, indem es die Daten, die zugehörigen Datenstrukturen und deren Verknüpfungen beschreibt.

Elemente einer Modellbildung - zur Entwicklung eines konzeptuellen Schemas -
sind die *Objekte* der betrachteten Untersuchungsgesamtheit und die Beziehungen zwischen ihnen im vorgegebenen Problemzusammenhang. Diese Untersuchungsgegenstände werden durch *Eigenschaften* (Merkmale) beschrieben, die
sie im Hinblick auf die vorgegebene Problemstellung charakterisieren.

Im folgenden führen wir eine Modellbildung an einem Beispiel durch. Dazu legen wir die Tagesumsätze von Vertretern einer Vertriebsgesellschaft als Untersuchungsgegenstände zugrunde. Ein Element dieser Untersuchungsgesamtheit
ist etwa der Tagesumsatz des Vertreters Emil Meyer, wohnhaft im Wendeweg
10, 2800 Bremen. Dieser Vertreter erhält grundsätzlich 7 % Provision, die über
ein Konto mit dem aktuellen Kontostand 725.15 DM abgerechnet werden. Er
hat am 24.6.88 etwa die folgenden Artikel verkauft:

    - 40 Oberhemden zum Preis von 39.80 DM pro Stück,

    - 70 Oberhemden zum Preis von 44.20 DM pro Stück und

    - 35 Hosen zum Preis von 110.50 DM pro Stück.

Wir legen im folgenden diese und die Angaben für zwei weitere Vertreter als ausgewählte Untersuchungsgegenstände für unsere Darstellung zugrunde. Auf der Basis dieser Daten wollen wir ein Modell entwickeln, das die Auswertung dieses Datenbestands bzgl. der beiden folgenden Fragen ermöglicht:

- Welche einzelnen Umsätze wurden von jedem der Vertreter getätigt?

- Welche Vertreter haben einen bestimmten Umsatz gemacht?

Aufgrund der Aufgabenstellung erscheint es sinnvoll, den gesamten Datenbestand in zwei Teilbestände zu gliedern, nämlich in Vertreterstammdaten und Artikel-Umsatzdaten. Wir fassen die jeweils zusammengehörenden Daten in *Datensätzen* zusammen und legen für die von den drei Vertretern getätigten Umsätze die folgenden Verbindungen (Zugriffspfade, Satzzeiger) zwischen den Datensätzen fest:

Hinweis:

Die Anordnung der Datensätze haben wir bewußt unsortiert vorgenommen, da die Zugehörigkeiten durch die (durch Pfeile gekennzeichneten) Satzzeiger vollständig bestimmt sind.

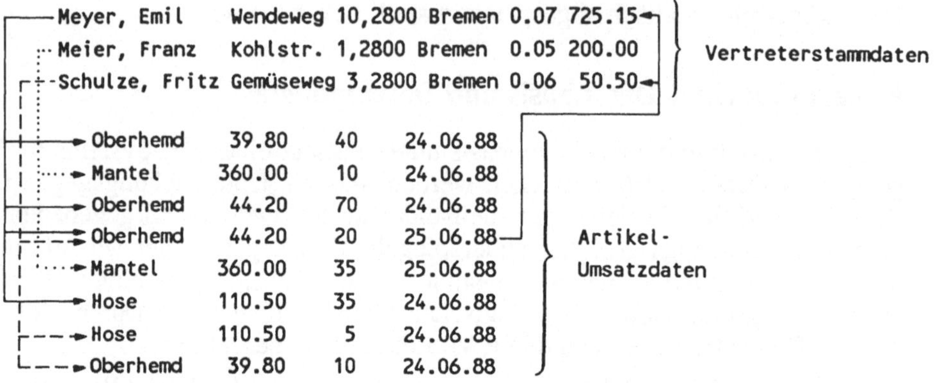


Dieser Darstellung ist z.B. zu entnehmen, daß je 20 Stück der Oberhemden zum Preis von 44.20 DM am 25.6.88 von den Vertretern Emil Meyer und Fritz Schulze umgesetzt wurden.

Die im linken Teil der Zeichnung angegebenen Zugriffspfade müssen eingerichtet werden, damit eine Auswertung bzgl. der 1. Frage durchführbar ist, d.h. es muß vom Vertreterdatensatz auf die zugehörigen Artikel-Umsatzdatensätze zugegriffen werden können.

Für eine mit der 2. Frage verbundene Auswertung muß jeder Artikel-Umsatzdatensatz auf die zugehörigen Vertretersätze verweisen - dazu haben wir als Beispiel zwei Zugriffspfade im rechten Teil der Zeichnung angegeben.

Diese Darstellung beschreibt eine *Netzwerksbeziehung*, da jeweils ein Artikel mit gleichem Preis und gleicher Stückzahl am gleichen Tag von mehreren Vertretern verkauft werden kann, und andererseits auch jeder Vertreter mehrere unterschiedliche Artikel umsetzen kann.

Als Beispiel für ein anderes Datenmodell leiten wir aus dieser Netzwerksbeziehung ein *hierarchisches Datenmodell* ab, bei dem jeder Datensatz aus dem Bestand der Artikel-Umsatzdaten auf höchstens einen Datensatz der Vertreterstammdaten verweist. Dazu formen wir das oben angegebene Datenmodell dadurch um, daß wir das Datum "Vertretername" zusätzlich in den Datenbestand der Artikel-Umsatzdaten übernehmen.

Hinweis:

Dieses Vorgehen dient nur zur Demonstration. In der Praxis würden geeignete Kennzahlen eingetragen werden.

In diesem Fall enthält jeder Satz der Artikel-Umsatzdaten einen Eintrag mehr, so daß gilt:

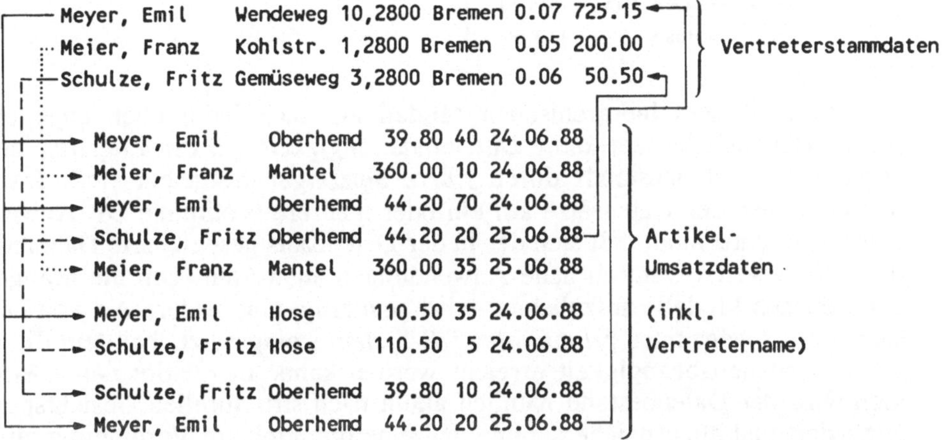


Der Vorteil dieses hierarchischen Modells gegenüber dem oben angegebenen Netzwerkmodell besteht darin, daß es einfacher strukturiert ist. Allerdings ist dies in unserer Situation mit dem Nachteil verbunden, daß sich der Speicheraufwand durch die zusätzliche Speicherung der Vertreternamen und die zusätzliche Aufnahme eines weiteren Datensatzes (an der letzten Position) erhöht hat.

Auffällig bei den beiden oben angegebenen Modellen ist die *redundante Speicherung*, d.h. die wiederholte Speicherung von identischen Bestandsdaten. Um eine redundanzfreie Ablage beim hierarchischen Modell zu erhalten, könnten wir die Artikel-Umsatzdaten (inkl. Vertretername) etwa wie folgt aufgliedern:

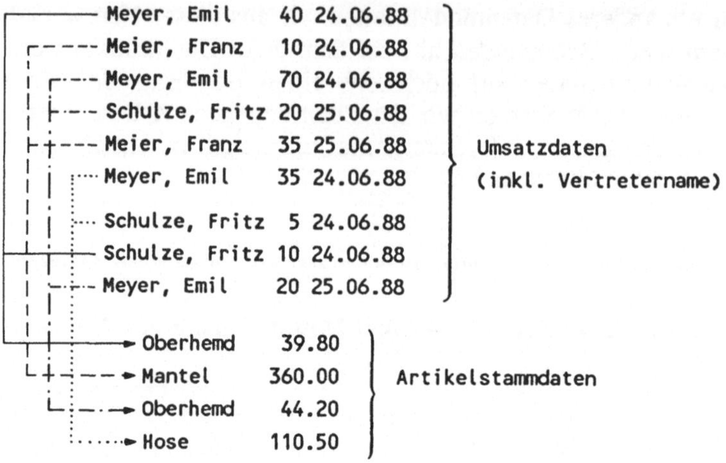

```
┌────────── Meyer, Emil     40 24.06.88 ┐
│ ┌─────── Meier, Franz     10 24.06.88 │
│ │ ┌───── Meyer, Emil      70 24.06.88 │
│ │ ├───── Schulze, Fritz   20 25.06.88 │
├─┼───── Meier, Franz       35 25.06.88 │  Umsatzdaten
│ │ ┌···· Meyer, Emil       35 24.06.88 │
│ │ │                                   │  (inkl. Vertretername)
│ │ ┊···· Schulze, Fritz     5 24.06.88 │
├─┼─┼── Schulze, Fritz      10 24.06.88 │
│ │ └┄┄ Meyer, Emil         20 25.06.88 ┘
│ │ ┊
└─┼─┼─►  Oberhemd           39.80  ┐
  └─┼─┼─►Mantel            360.00  │  Artikelstammdaten
    └┄┼─►Oberhemd           44.20  │
      └······►Hose         110.50  ┘
```

Sowohl in diesem hierarchischen Modell als auch beim oben angegebenen
Netzwerkmodell besteht *keine Datenunabhängigkeit*, da die Zugriffspfade innerhalb des Datenbestands durch *starre Satzzeiger* festgelegt sind. Da diese
Verbindungen der Datensätze auf ein oder mehrere bestimmte DB-Anwendun-
gen ausgerichtet sind, läßt sich der in der Datenbasis gespeicherte Datenbestand
nicht ohne weiteres durch neue Anwendungen auswerten. Um die Mängel der
angegebenen Modelle aufzuheben, wird bevorzugt eine andere Art von DB-System - ein sogenanntes *relationales DB-System* - eingesetzt, bei dem die angestrebte Datenunabhängigkeit erreicht werden kann. In relationalen DB-Systemen wird der Datenbestand nämlich allein nach strukturellen Gesichtspunkten
gegliedert und abgespeichert, ohne daß eine unmittelbare Verbindung zu einer
bestimmten DB-Anwendung hergestellt wird.

# 2 Das relationale Datenbanksystem

## 2.1 Begriffe und Fallbeispiel

### Tabellen

Bei einem *relationalen* DB-System werden alle Daten über die Untersuchungsgegenstände in *Tabellen* zusammengestellt. Durch eine derartige Tabelle sind
sämtliche Beziehungen, die für die Untersuchungsobjekte bzgl. der ausgewählten Merkmale bestehen, in ihrer Gesamtheit beschrieben - man sagt, daß dadurch eine Relation gekennzeichnet wird.

Auf der Basis der oben angegebenen Beispieldaten bauen wir die folgende Tabelle auf:

```
VERTRETER-TAETIGKEIT(V_NR, V_NAME,        V_ANSCH, ...
                     8413  Meyer, Emil    Wendeweg 10, 2800 Bremen
                     5016  Meier, Franz   Kohlstr. 1,  2800 Bremen
                     8413  Meyer, Emil    Wendeweg 10, 2800 Bremen
                     1215  Schulze, Fritz Gemüseweg 3, 2800 Bremen
                     5016  Meier, Franz   Kohlstr. 1,  2800 Bremen
                     8413  Meyer, Emil    Wendeweg 10, 2800 Bremen
                     1215  Schulze, Fritz Gemüseweg 3, 2800 Bremen
                     1215  Schulze, Fritz Gemüseweg 3, 2800 Bremen
                     8413  Meyer, Emil    Wendeweg 10, 2800 Bremen
```

```
... V_PROV,V_KONTO,A_NR, A_NAME,   A_PREIS,A_STUECK, DATUM)
    0.07   725.15  12    Oberhemd  39.80    40       24.06.88
    0.05   200.00  22    Mantel    360.00   10       24.06.88
    0.07   725.15  11    Oberhemd  44.20    70       24.06.88
    0.06    50.50  11    Oberhemd  44.20    20       25.06.88
    0.05   200.00  22    Mantel    360.00   35       25.06.88
    0.07   725.15  13    Hose      110.50   35       24.06.88
    0.06    50.50  13    Hose      110.50    5       24.06.88
    0.06    50.50  12    Oberhemd  39.80    10       24.06.88
    0.07   725.15  11    Oberhemd  44.20    20       25.06.88
```

Als Bezeichnung für diese Tabelle (Relation) haben wir den Namen VERTRE-TER-TAETIGKEIT gewählt und im Tabellenkopf eingetragen. Jede *Tabellenzeile* (Tupel) enthält die Daten eines Untersuchungsobjekts. Jede Tabellenspalte nimmt die Werte (Attributswerte) einer Eigenschaft (Attribut) auf, die wir durch einen Namen im Spaltenkopf kennzeichnen.

In unserer Situation haben wir die Namen V_NAME (Vertretername), V_ANSCH (Anschrift), V_PROV (Provision), V_KONTO (Kontostand), A_NAME (Artikelname), A_PREIS (Artikelpreis), A_STUECK (Stückzahl) und DATUM (Datum des Umsatzes) gewählt. Neben diesen Merkmalen haben wir Vertreterkennzahlen (V_NR) und Artikelkennzahlen (A_NR) in den Datenbestand einbezogen. Da nämlich nicht ausgeschlossen werden kann, daß zwei Vertreter gleichen Namens im Unternehmen beschäftigt sind, muß jeder Vertreter über eine ihm zugeordnete Kennzahl eindeutig identifizierbar sein. Darüberhinaus sind in der Tabelle gleichnamige Artikel enthalten, die bislang nur durch ihre unterschiedlichen Preise unterscheidbar sind. Deshalb ist eine Kennzahl zur eindeutigen Identifizierung eines Artikels hilfreich. Die Wahl von derartigen numerischen Kennwerten ist beim Einsatz der elektronischen Datenverarbeitung besonders gut geeignet, da der Erfassungsaufwand gering ist und die Korrektheit der Dateneingabe über Prüfziffern gesichert werden kann.

Hinweis:

Dies sind Ziffern, die zusätzlich zu den numerischen Stellen einer Zahl eingegeben werden, damit der Wert nach der Erfassung formal auf fehlerhafte Ziffern abgeprüft werden kann.

Im Hinblick auf die Beschreibung der Eigenschaften der Untersuchungsobjekte ist die Reihenfolge der Zeilen und der Spalten völlig belanglos - wir können die Tabellenspalten willkürlich aneinanderreihen und die Tabellenzeilen in beliebiger Abfolge eintragen.


## Zugriffsschlüssel

Sollen für eine Anwendung bestimmte Tabellenwerte bereitgestellt werden, so sind die Tabellenzeilen zu kennzeichnen, aus denen diese Werte ermittelt werden sollen. Dazu sind geeignete Spaltenkennungen als *Zugriffsschlüssel* festzulegen.

Soll der Zugriff z.B. über die Vertreterkennzahl (V_NR) erfolgen, so läßt sich etwa durch die Kennzahl 8413 auf die Werte in der 1., in der 3., in der 6. und in der 9. Tabellenzeile zugreifen. Dieser Zugriff ist nicht eindeutig, da mehr als eine Tabellenzeile identifiziert wird.

Die Spaltenkennungen "V_NR", "A_NR" und "DATUM" haben wir unterstrichen, um hervorzuheben, daß sich jede Tabellenzeile eindeutig durch die Kombination von Werten dieser Merkmale charakterisieren läßt. Somit bilden V_NR, A_NR und DATUM gemeinsam - wir schreiben dafür abkürzend "(V_NR,A_NR,DATUM)" - einen eindeutigen Zugriffsschlüssel, der *Identifikationsschlüssel* genannt wird.

Grundsätzlich muß bei einem relationalen DB-Modell für jede Tabelle ein Identifikationsschlüssel (Primärschlüssel) als eindeutiger Zugriffsschlüssel festgelegt sein, den wir stets durch Unterstreichung kenntlich machen. Dies bedeutet
für die theoretische Erörterung, daß innerhalb einer Tabelle niemals zwei gleiche Identifikationsschlüssel und damit zwei gleiche Tabellenzeilen auftreten
dürfen, da sonst die Eindeutigkeit des Zeilenzugriffs nicht gewährleistet ist.

## Zergliederung von Tabellen

Für die nachfolgende Erörterung der Tabellen-Struktur wählen wir für die Tabelle VERTRETER-TAETIGKEIT eine Kurzschreibweise in der Form:

```
VERTRETER-TAETIGKEIT(V_NR,V_NAME,V_ANSCH,V_PROV,V_KONTO,
                     ----

                     A_NR,A_NAME,A_PREIS,A_STUECK,DATUM)
                     ----                  -----
```

Diese Tabelle ist sehr unübersichtlich, weil in ihr Eigenschaften zusammengefaßt sind, die nicht unmittelbar zueinander in Beziehung stehen wie etwa
V_NAME und A_PREIS. Zudem gehören zu verschiedenen Werten von
(A_NAME,A_PREIS,A_STUECK,DATUM) stets mehrere gleiche Werte von
(V_NAME,V_ANSCH,V_PROV,V_KONTO) - siehe z.B. die Zeilen 1, 3, 6
und 9. Dies ist sehr speicheraufwendig und zeitintensiv, wenn etwa der
Kontostand V_KONTO für einzelne Vertreter verändert werden muß. Damit
der Datenbestand konsistent ist, muß eine derartige Änderung nämlich nicht nur
innerhalb einer Tabellenzeile, sondern innerhalb aller Zeilen durchgeführt werden, in denen Angaben über den jeweiligen Vertreter enthalten sind.

Somit ist es sinnvoll, die Tabelle VERTRETER-TAETIGKEIT zu zergliedern,
damit die Werte zusammengehörender Eigenschaften platzsparend - möglichst
redundanzfrei - in jeweils einer eigenständigen Tabelle zusammengefaßt werden. Allerdings ist dabei zu beachten, daß die ursprüngliche Beziehung der
Daten jederzeit wiederherstellbar ist.

Wir lassen uns bei der nachfolgenden Tabellen-Zergliederung von der An-
schauung leiten und stellen im Anhang A.1 ergänzend einen theoretischen Ansatz dar, der zu einer redundanzfreien Tabellierung der Daten führt. Zunächst
teilen wir die Tabelle VERTRETER-TAETIGKEIT in die Tabelle

```
VERTRETER (V_NR, V_NAME,         V_ANSCH,          V_PROV,V_KONTO)
           ----

           8413 Meyer, Emil    Wendeweg 10,2800 Bremen 0.07 725.15
           5016 Meier, Franz   Kohlstr. 1,2800 Bremen  0.05 200.00
           1215 Schulze, Fritz Gemüseweg 3,2800 Bremen 0.06  50.50
```

und in die Tabelle

```
ARTIKEL-UMSATZ  (V_NR,  A_NR,  A_NAME,    A_PREIS,  A_STUECK,DATUM)
                 ----   ----                        -----
                 8413   12     Oberhemd   39.80     40        24.06.88
                 5016   22     Mantel     360.00    10        24.06.88
                 8413   11     Oberhemd   44.20     70        24.06.88
                 1215   11     Oberhemd   44.20     20        25.06.88
                 5016   22     Mantel     360.00    35        25.06.88
                 8413   13     Hose       110.50    35        24.06.88
                 1215   13     Hose       110.50     5        24.06.88
                 1215   12     Oberhemd   39.80     10        24.06.88
                 8413   11     Oberhemd   44.20     20        25.06.88
```

auf. Bei dieser Zergliederung gewinnen wir die Tabelle VERTRETER dadurch aus der Tabelle VERTRETER-TAETIGKEIT, daß wir nur die Spalten V_NR, V_NAME, V_ANSCH, V_PROV und V_KONTO aus der Ausgangstabelle in die neu eingerichtete Tabelle VERTRETER übernehmen. Wir sagen, daß wir eine *Projektion* von der Tabelle VERTRETER-TAETIGKEIT auf die Tabelle VERTRETER durchführen. Diese Projektion beschreiben wir durch das folgende Diagramm:

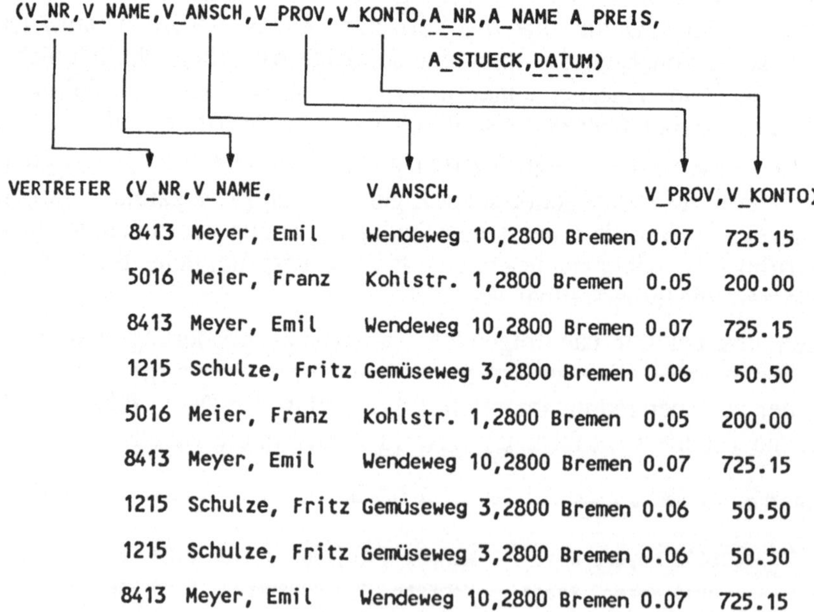


Damit V_NR als Identifikationsschlüssel für die Tabelle VERTRETER erhalten bleibt, müssen wir mehrfach auftretende Tabellenzeilen bis auf jeweils eine Zeile wegstreichen.

In der resultierenden Tabelle VERTRETER sind die 1., die 3., die 6. und die 9. Tabellenzeile identisch, so daß wir die 3., die 6. und die 9. Zeile löschen müssen. Ferner stimmt die 2. mit der 5. Zeile und die 4., die 7. und die 8. Zeile überein, so daß sich nach der Löschung der redundanten Tabellenzeilen die oben angegebene Tabelle VERTRETER mit 3 Tabellenelementen ergibt.

Die Tabelle ARTIKEL-UMSATZ haben wir durch eine Projektion von VERTRETER-TAETIGKEIT eingerichtet, die wir in der folgenden Form vorgenommen haben:

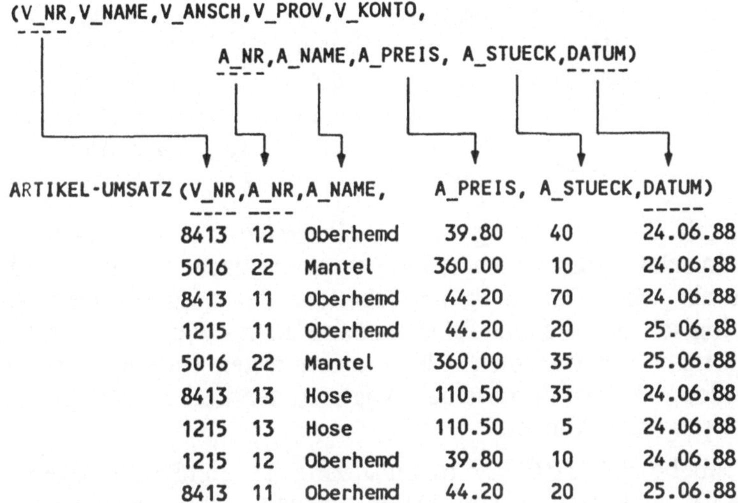



Bei dieser Projektion brauchen keine Tabellenzeilen in der resultierenden Tabelle ARTIKEL-UMSATZ gelöscht zu werden, da sich die erhaltenen Tabellenzeilen paarweise unterscheiden. Somit ist durch die Kombination (V_NR, A_NR, DATUM) ein eindeutiger Zugriff auf die Zeilen von ARTIKEL-UMSATZ gewährleistet.

Der oben angegebenen Forderung, daß die ursprüngliche Beziehung der Daten jederzeit wiederherstellbar sein muß, werden wir dadurch gerecht, daß wir bei beiden Projektionen die Spalte V_NR in die neu eingerichteten Tabellen VERTRETER und ARTIKEL-UMSATZ übernommen haben.

Zur Durchführung des *Verbunds* von VERTRETER und ARTIKEL-UMSATZ über die Vertreterkennzahl V_NR lassen sich z.B. die 1., die 3., die 6. und die 9. Zeile von VERTRETER-TAETIGKEIT über den Wert 8413 von V_NR wieder aufbauen:

```
VERTRETER(V_NR, V_NAME,          V_ANSCH,                    V_PROV,V_KONTO)
          ----
         8413 Meyer, Emil     Wendeweg 10,2800 Bremen  0.07    725.15
         5016 Meier, Franz    Kohlstr. 1,2800 Bremen   0.05    200.00
         1215 Schulze, Fritz  Gemüseweg 3,2800 Bremen  0.06     50.50



ARTIKEL-UMSATZ(V_NR,A_NR,A_NAME,    A_PREIS,A_STUECK,DATUM)
               ---- ----                     -- ----
             8413 12   Oberhemd    39.80    40     24.06.88
             5016 22   Mantel      360.00   10     24.06.88
             8413 11   Oberhemd    44.20    70     24.06.88
             1215 11   Oberhemd    44.20    20     25.06.88
             5016 22   Mantel      360.00   35     25.06.88
             8413 13   Hose        110.50   35     24.06.88
             1215 13   Hose        110.50    5     24.06.88
             1215 12   Oberhemd    39.80    10     24.06.88
             8413 11   Oberhemd    44.20    20     25.06.88
```

Diese Möglichkeit der Verbindung von Tabellenzeilen aus verschiedenen Tabellen ist für ein relationales Datenmodell charakteristisch. Ein Schlüssel wird gegebenenfalls als neues Datum in die Tabellenzeilen aufgenommen, so daß zwei einander logisch zugeordnete Tabellenzeilen nicht - wie bei hierarchischen und netzwerkartigen DB-Systemen - über einen festen (internen) Satzzeiger verbunden werden, sondern durch einen Abgleich der Zeilen im Schlüssel-Attribut identifiziert werden können.

Während die Tabelle VERTRETER redundanzfrei ist, enthält die Tabelle ARTIKEL-UMSATZ viele redundante Daten in den Tabellenspalten A_NR, A_NAME und A_PREIS. Somit erscheinen die beiden folgenden Projektionen sinnvoll:

```
ARTIKEL-UMSATZ(V_NR,A_NR,A_NAME,A_PREIS,A_STUECK,DATUM)


ARTIKEL (A_NR,A_NAME,  A_PREIS)    UMSATZ (V_NR,A_NR,A_STUECK,DATUM)
         ----                              ----
         12  Oberhemd  39.80              8413  12    40    24.06.88
         22  Mantel    360.00             5016  22    10    24.06.88
         11  Oberhemd  44.20              8413  11    70    24.06.88
         13  Hose      110.50             1215  11    20    25.06.88
                                          5016  22    35    25.06.88
                                          8413  13    35    24.06.88
                                          1215  13     5    24.06.88
                                          1215  12    10    24.06.88
                                          8413  11    20    25.06.88
```

Dabei wird über die Spalte mit den Artikelnummern (A_NR) die Zuordnung der beiden Tabellen aufrecht erhalten, so daß ARTIKEL-UMSATZ über die Artikelnummer als Verbund der Tabellen ARTIKEL und UMSATZ rekonstruierbar ist.

Eine weitere Zerlegung der Tabellen ARTIKEL und UMSATZ erscheint nicht sinnvoll, so daß wir insgesamt die folgenden Tabellen als Bausteine der eingangs zugrundgelegten Tabelle VERTRETER-TAETIGKEIT ermittelt haben:

```
- VERTRETER(V_NR,V_NAME,V_ANSCH,V_PROV,V_KONTO)

- ARTIKEL(A_NR,A_NAME,A_PREIS)

- UMSATZ(V_NR,A_NR,A_STUECK,DATUM)
```

Dabei sind die Tabellen VERTRETER und UMSATZ durch die Werte von V_NR und die Tabellen ARTIKEL und UMSATZ durch A_NR miteinander verknüpft.

Wir verweisen an dieser Stelle auf den Anhang A.1, in dem ein theoretischer Ansatz zur Zergliederung von Tabellen beschrieben wird, der zur redundanzfreien Speicherung unserer Bestandsdaten in Form der Tabellen VERTRETER, ARTIKEL und UMSATZ führt.

## 2.2 Forderungen an ein relationales Datenbanksystem

### Gezielter Zugriff

Als Datenbasis für Anfragen (Query) an den Datenbestand haben wir in unserem Fallbeispiel insgesamt die folgenden Tabellen ermittelt:

```
VERTRETER(V_NR,V_NAME,         V_ANSCH,                 V_PROV,V_KONTO)

          8413 Meyer, Emil    Wendeweg 10, 2800 Bremen  0.07    725.15
          5016 Meier, Franz   Kohlstr. 1,  2800 Bremen  0.05    200.00
          1215 Schulze, Fritz Gemüseweg 3, 2800 Bremen  0.06     50.50
                                                                        V_NR
  ARTIKEL(A_NR,A_NAME,  A_PREIS)                                        A_NR
          12  Oberhemd  39.80                                          DATUM
          22  Mantel    360.00
          11  Oberhemd  44.20
          13  Hose      110.50

  UMSATZ(V_NR,A_NR,A_STUECK,DATUM)
          8413  12      40      24.06.88
          5016  22      10      24.06.88
          8413  11      70      24.06.88
          1215  11      20      25.06.88
          5016  22      35      25.06.88
          8413  13      35      24.06.88
          1215  13       5      24.06.88
          1215  12      10      24.06.88
          8413  11      20      25.06.88
```

Durch die angegebenen Pfeile deuten wir an, daß auf die einzelnen Zeilen der jeweiligen Tabellen entweder über die Identifikationsschlüssel V_NR oder A_NR bzw. über die Kombination (V_NR,A_NR,DATUM) eindeutig zugegriffen werden kann.

Z.B. ermitteln wir durch die Vorgabe des Werts 5016 für V_NR die 2. Tabellenzeile innerhalb der Tabelle VERTRETER und somit etwa die zu 5016 korrespondierenden Werte 0.05 für V_PROV und 200.00 für V_KONTO. Betrachten wir die Wertekombination, bestehend aus der Vertreterkennzahl 5016, der Artikelkennzahl 22 und dem Datumswert "24.06.88", so korrespondiert zu dieser Kombination innerhalb UMSATZ die 2. Tabellenzeile mit dem Wert 10 für A_STUECK.

Neben dem Zugriff über den jeweiligen Identifikationsschlüssel sind weitere Zugriffsformen denkbar - etwa der Zugriff auf die Daten innerhalb der Tabelle UMSATZ über die Artikelnummer. In diesem Fall ist der Zugriffsschlüssel jedoch nicht mehr eindeutig. Geben wir nämlich z.B. den Wert 12 von A_NR vor, so ist dadurch die 1. und 8. Tabellenzeile von UMSATZ bestimmt - A_NR allein ist kein Identifikationsschlüssel von UMSATZ.

Welche Zugriffsschlüssel eingerichtet werden sollen, ist durch die jeweilige Anwendung zu bestimmen. Dabei ist zu berücksichtigen, daß nach einem Direktzugriff unter Umständen schon auf Sätze anderer Tabellen zugegriffen werden kann - auch wenn für diese Tabellen kein gesonderter Zugriffsschlüssel eingerichtet ist.

Haben wir - wie oben angegeben - über die Artikelkennzahl 12 auf den 1. bzw. den 8. Satz von UMSATZ zugegriffen, so lassen sich nämlich über die jeweils korrespondierenden Werte von V_NR zusätzlich (über 8413) die 1. und (über 1215) die 3. Tabellenzeile von VERTRETER identifizieren.


## Selektion

Durch den gezielten Zugriff über Identifikationsschlüssel bzw. andere Zugriffsschlüssel lassen sich jeweils einzelne Zeilen aus einer Tabelle auswählen. Oftmals ist es wünschenswert, mehrere Tabellenzeilen, die für eine DB-Anwendung bereitgestellt werden sollen, nach einem Auswahlkriterium zu bestimmen. Somit müssen die einzelnen Tabellenzeilen während der Verarbeitung jeweils daraufhin geprüft werden, ob sie das angegebene Kriterium erfüllen oder nicht. Diese Filterung der Tabellenzeilen wird *Selektion* genannt.

Z.B. lassen sich aus der Tabelle UMSATZ alle Umsatzangaben des Vertreters mit der Kennzahl 8413 dadurch auswählen, daß alle diejenigen Tabellenzeilen von der Verarbeitung ausgeschlossen werden, deren Wert in der Spalte V_NR von 8413 verschieden ist.

## Weitere Forderungen

Neben der Möglichkeit des gezielten Zugriffs und der Selektion von Daten werden die folgenden Leistungen von einem relationalen DB-System erwartet:

- es soll die Einrichtung von Tabellen und die Erfassung und Änderung von Daten unterstützen (Kreation und Modifikation),

- jeder Zugriff auf abgespeicherte Daten soll über die Werte von Daten ohne Kenntnis der Art der internen Datenspeicherung möglich sein,

- Projektionen müssen möglich sein, d.h. das Löschen von Tabellenspalten sowie von Tabellenzeilen mit identischen Inhalten muß durchgeführt werden können, und

- Verbunde müssen möglich sein, d.h. Tabellen müssen über miteinander korrespondierende Tabellenzeilen zu einer umfassenderen Tabelle zusammengefügt werden können.

*dBASE III PLUS* erfüllt alle diese Kriterien, die an ein relationales DB-System gestellt werden.

In den folgenden Kapiteln beschreiben wir den Leistungsumfang von dBASE III PLUS. Ist dabei die Ausführung von Befehlen am Beispiel zu erläutern, so wird dies an dem oben angegebenen Datenbestand geschehen. Damit der Leser seine erworbenen Kenntnisse überprüfen kann, sind Aufgaben (am Kapitelende) gestellt, deren Lösungen im Anhang in einem Lösungsteil angegeben sind. Die einzelnen Aufgabenstellungen orientieren sich an einem Auftragsdatenbestand, dessen Strukturierung im Hinblick auf redundanzfreie Speicherung und auf die für Anwendungen jeweils erforderlichen Zugriffsschlüssel im Anhang A.2 erläutert ist.

# 3  Einsatz des Datenbanksystems dBASE III PLUS

## 3.1 Voraussetzungen

### Mikrocomputer

Nachdem wir für unser Fallbeispiel der Vertreterumsätze die logische Struktur analysiert und die Grundkonzeption unserer Datenbasis in Form der drei Tabellen VERTRETER, UMSATZ und ARTIKEL als konzeptuelles Schema entwickelt haben, setzen wir das relationale DB-System dBASE III PLUS ein, um unsere Daten zu speichern, abzufragen und zu verändern.

Voraussetzung dafür ist ein geeignet ausgerüsteter *Mikrocomputer* (Personalcomputer, PC), der sich - vereinfacht dargestellt - aus folgenden Bausteinen zusammmmensetzt:

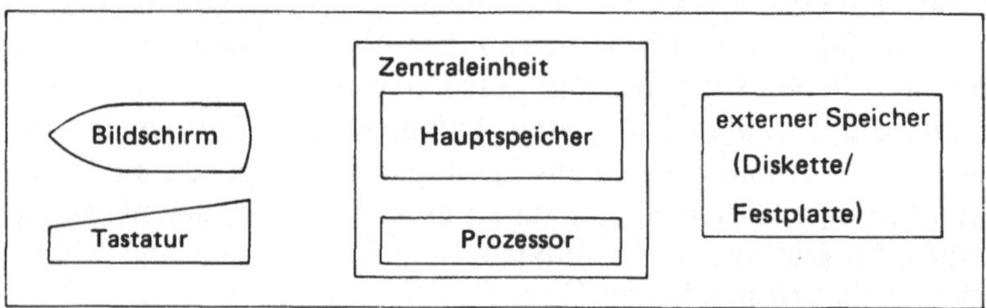


Ein Mikrocomputer ist ein selbständiges Datenverarbeitungssystem, das sich von einem Großrechnersystem nicht im Aufbau und in der Wirkungsweise, sondern nur im Hinblick auf die Speicherkapazität und die Verarbeitungsgeschwindigkeit unterscheidet. Die räumlichen Ausmaße des Mikrocomputers erlauben den unmittelbaren Einsatz am Arbeitsplatz. Der Kern des Systems ist die Zentraleinheit, die aus dem Hauptspeicher und dem Prozessor zur Ausführung von Befehlen eines im Hauptspeicher enthaltenen Programms besteht. Zur Eingabe von Daten ist eine Tastatur und zur Datenausgabe ein Bildschirm und evtl. ein Drucker an die Zentraleinheit angeschlossen.

Für den Einsatz von dBASE III PLUS ist ein Mikrocomputer der Firma IBM bzw. ein dazu kompatibler Mikrocomputer mit mindestens 512 KB Hauptspeicher (1 KB (KiloByte) entspricht 1024 Bytes) und 2 Diskettenlaufwerken bzw. einer Festplatte und einem Diskettenlaufwerk erforderlich.

Wir setzen für unsere Beschreibung voraus, daß ein Disketten- und ein Festplattenlaufwerk an die Zentraleinheit angeschlossen sind. Damit unterschieden werden kann, welches der beiden Laufwerke für den Zugriff ausgewählt werden soll, wird das Diskettenlaufwerk durch den Buchstaben "A" und die Festplatte durch den Buchstaben "C" gekennzeichnet.

## Externe Speicher

Die *Diskette* ist ein Datenträger, bei dem die zu speichernden Daten auf einer magnetisch beschichteten Kunststoffscheibe aufgezeichnet werden. Zum Schutz gegen Verschmutzung und mechanische Beschädigung befindet sich die Platte in einer quadratischen Plastikhülle, in der sie auch während der Benutzung im Diskettenlaufwerk verbleibt. Die Daten werden auf konzentrischen Spuren (tracks) - üblicherweise 40 bei einer 5 1/4-Zoll-Diskette - aufgezeichnet. Jede Spur ist in 9 Sektoren unterteilt, die jeweils 512 Zeichen - bei standardmäßiger Aufzeichnungsdichte - aufnehmen können, so daß die Speicherkapazität in diesem Fall 360 KB beträgt.

Eine *Festplatte* besteht aus mehreren übereinandergelagerten, auf einer Achse zusammengefaßten dünnen Plattenscheiben, die mit einer magnetisierbaren Schicht versehen sind. Genau wie bei der Diskette sind diese Scheiben in konzentrische Spuren gegliedert, die wiederum in Sektoren aufgeteilt sind. Im Gegensatz zur Diskette ist die Speicherkapazität einer Festplatte beträchtlich größer. Gegenwärtig sind Kapazitäten von 20 bis 40 MB (MegaByte) üblich.

## Tastatur

Über die Tastatur lassen sich Daten an das jeweils in der Zentraleinheit ablaufende Programm übermitteln. Für den Mikrocomputer IBM-PC ist die (internationale) Tastatur wie folgt gegliedert:

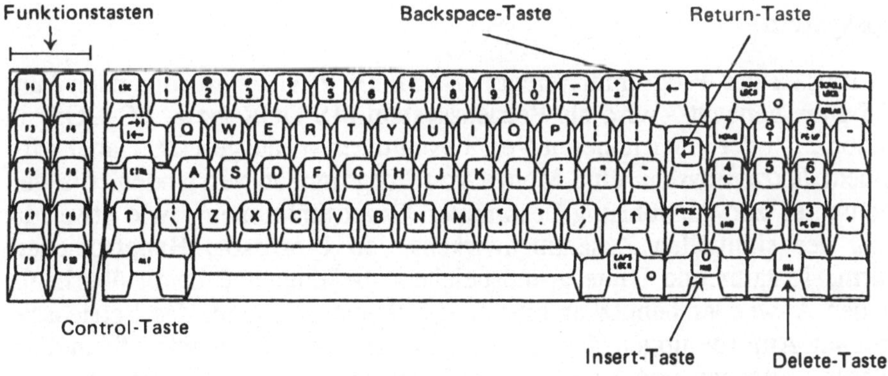


Neben den von der Schreibmaschinentastatur her bekannten Zeichentasten enthält die Tastatur eines Mikrocomputers mehrere Spezialtasten (zum Auslösen spezieller Aktionen) und Tasten zur Positionierung des *Cursors*. Dies ist eine Schreibmarke auf dem Bildschirm, welche die aktuelle Bildschirmposition anzeigt und durch die Tasten Cursor-Links (←), Cursor-Rechts (→), Cursor-Hoch (↑), Cursor-Tief (↓) und Cursor-Home bewegt werden kann. Weitere wichtige Spezialtasten sind etwa die Return-Taste, die Backspace-Taste, die

Delete-Taste, die Insert-Taste, die Control-Taste und die Funktionstasten, mit denen spezielle Anforderungen an dBASE III PLUS eingegeben werden können.

Durch Betätigung der *Return-Taste* - im Text gekennzeichnet durch "<ret>" - wird eine unmittelbar vorausgehende Dateneingabe abgeschlossen, so daß die zuvor über die Tastatur eingegebenen Zeichen dem ablaufenden Programm übermittelt werden.

Durch die *Backspace-Taste* wird das zuletzt eingegebene (fehlerhafte) Zeichen nicht übertragen. Das auf dem Bildschirm angezeigte Zeichen wird gelöscht, und die aktuelle Cursorposition wird um eine Stelle nach links (an die Position des gelöschten Zeichens) zurückgesetzt.

Mit der *Delete-Taste* wird das Zeichen an der aktuellen Cursorposition gelöscht und der Rest der Zeile eine Position nach links verschoben.

Die *Insert-Taste* ermöglicht die Einfügung von Zeichen an der aktuellen Cursorposition (durch erneuten Druck auf diese Taste wird der Einfügemodus beendet). Der Rest der Zeile wird um die Anzahl der eingefügten Zeichen nach rechts verschoben.

Die *Control-Taste* wirkt nur in Verbindung mit einer anderen Taste. Dabei ist sie stets als erste zu drücken, anschließend gedrückt zu halten und erst nach Betätigung der gewünschten weiteren Taste wieder loszulassen. So bedeutet z.B. "Ctrl + ←" (oder kurz "^ ←"), daß die Taste Cursor-Links bei gleichzeitig gedrückter Control-Taste zu betätigen ist.

## Betriebssystem

Für den Einsatz des Programmsystems dBASE III PLUS - im folgenden kurz *dBASE-System* genannt - wird als Betriebssystem MS-DOS (bzw. PC-DOS) in der Version 2.1 oder einer höheren Versionsnummer vorausgesetzt. Dabei wird unter einem *Betriebssystem* eine Menge von Programmen verstanden, die den Mikrocomputer zur Ausführung bestimmter Grundfunktionen - wie etwa zur Steuerung des sinnvollen Zusammenwirkens von Prozessor, Hauptspeicher, Bildschirm, Tastatur und Hintergrundspeicher - befähigt und damit überhaupt erst für den Anwender benutzbar macht. Ein Steuerprogramm des Betriebssystems nimmt Anforderungen des Anwenders, die als Kommandos formuliert sein müssen, entgegen und bringt die dadurch angeforderten Programme zur Ausführung. Für das folgende setzen wir voraus, daß das Betriebssystem zusammen mit dem dBASE-System auf der Festplatte installiert ist.

Der Mikrocomputer wird durch Betätigung des Netzschalters in Betrieb gesetzt. Nach dem Aufbau der Verbindungen aller Rechnerkomponenten meldet das System seine Bereitschaft zur Entgegennahme eines Kommandos durch das Anzeigen der *Systemanfrage* (Systemprompt)

        C>

auf dem Bildschirm.

Für die Ablage des einzurichtenden Datenbestands sehen wir eine *Daten-Diskette* im Laufwerk A vor, die wir nach dem Start des Betriebssystems und der Bildschirmausgabe "C>" in das Diskettenlaufwerk einlegen. In unserer Situation, in der wir den Leistungsumfang des dBASE-Systems kennenlernen wollen, reicht der Speicherbereich einer Daten-Diskette für die Ablage unseres Datenbestands aus. Für Anwendungen in der Praxis ist es in der Regel jedoch unumgänglich, die Daten auf der Festplatte abzuspeichern. Dies hat den Vorteil, daß auch größere Bestände geführt werden können und daß auf die Daten schneller zugegriffen werden kann.

## Formatieren einer Diskette

Bevor wir eine neue Daten-Diskette zum ersten Mal als Datenträger benutzen können, muß sie durch eine Formatierung für die Datenaufnahme vorbereitet werden. Die *Formatierung*, bei der das Aufzeichnungsformat für die Datenablage festgelegt wird, lassen wir durch ein Formatierungsprogramm vornehmen, das wir durch die Eingabe von

```
C>FORMAT A:<ret>
```

zur Ausführung bringen.

Hinweis:

Der Prompt "C>" fordert zur Eingabe auf. Er wird nicht mit eingegeben.

Durch die Betätigung der Return-Taste, im Text gekennzeichnet durch "<ret>", übermitteln wir diese Eingabe dem Betriebssystem, das daraufhin das Formatierungsprogramm startet, das die folgende Meldung auf dem Bildschirm ausgibt:

```
Neue Diskette in Laufwerk A: einlegen
Wenn bereit, EINGABE betätigen
```

Nach dem Druck auf die Return-Taste werden Kenninformationen (für die Ansteuerung der Sektoren bei späteren Disketten-Zugriffen) auf die Diskette im Laufwerk A übertragen. Dabei erscheint der Text:

```
Formatieren läuft...
```

Nach der Ausgabe des Textes

```
Formatieren beendet
```

wird nachgefragt, ob noch eine weitere Diskette zu formatieren ist. Diese Anfrage wird durch Drücken der Taste mit dem Buchstaben "N" beantwortet, so daß damit die Formatierung der Daten-Diskette abgeschlossen ist. Das System geht in den Wartezustand (Prompt "C>") und ist bereit, weitere Kommandos entgegenzunehmen.

## Datei und Dateiname

Auf einem externen Speicher werden Daten in Form von Dateien abgespeichert, die das Betriebssystem über Einträge in einem *Inhaltsverzeichnis* (directory) verwaltet. Unter einer <u>Datei</u> (file) wird dabei eine Sammlung von Datensätzen verstanden, die von einem Programm aufgebaut und bearbeitet werden kann. Bei der Einrichtung einer Datei wird der Dateiname zusammen mit den Informationen über die Lage der Datensätze auf dem Speicher in das jeweilige Inhaltsverzeichnis (in das Hauptverzeichnis bzw. in ein untergeordnetes Unterverzeichnis) eingetragen. Der *Dateiname* kann unter Berücksichtigung der Namenskonvention

```
<Grundname aus bis zu 8 Zeichen>.<Ergänzung aus bis zu 3 Zeichen>
```

frei gewählt werden, d.h. jeder Dateiname besteht aus einem <u>Grundnamen</u>, dem eine durch einen Punkt "." abgetrennte <u>Ergänzung</u> folgen darf. Im Grundnamen und in der Ergänzung sollten nur Buchstaben und Ziffern verwendet werden. Zur Kennzeichnung des Laufwerks, auf dem die Datei gespeichert oder zu speichern ist, muß dem Dateinamen eine <u>Laufwerkskennzeichnung</u> (mit nachfolgendem Doppelpunkt ":") in der Form "A:" oder "C:" vorangestellt werden.

Sofern das innerhalb der Systemanfrage angegebenen Laufwerk verwendet werden soll (in unserem Fall ist dies das Laufwerk C), kann auf die Angabe der Laufwerksbezeichnung verzichtet werden.


# 3.2 Grundprinzip

### Tabellen-Datei

Beim Einsatz des dBASE-Systems wird eine Datenbasis dadurch eingerichtet, daß jede Tabelle des konzeptuellen Schemas in einer Datei - fortan *Tabellen-Datei* genannt - abgespeichert wird.

Hinweis:

Im dBASE-Handbuch wird von einer "Datenbankdatei" gesprochen. Dieser Begriff ist problematisch, sofern der Inhalt einer Datenbasis in mehreren Dateien gespeichert ist.

Jeder *Datensatz* einer Tabellen-Datei enthält die Werte einer Tabellenzeile. Er ist aus *Datenfeldern* aufgebaut, in denen die Werte der korrespondierenden Tabellenspalten enthalten sind.

Z.B. sind die Werte der Tabelle ARTIKEL somit in einer Tabellen-Datei abzuspeichern, die wie folgt strukturiert ist:

| 1. Datensatz: ⟶ | 12 | Oberhemd | 39.80 |
| (Satz mit Satznr. 1) | | | |
| 2. Datensatz: ⟶ | 22 | Mantel | 360.00 |
| (Satz mit Satznr. 2) | | | |
| 3. Datensatz: ⟶ | 11 | Oberhemd | 44.20 |
| (Satz mit Satznr. 3) | | | |
| 4. Datensatz: ⟶ | 13 | Hose | 110.50 |
| (Satz mit Satznr. 4) | | | |

```
        Datenfeld      Datenfeld      Datenfeld
        m. d. Werten   m. d. Werten   m. d. Werten
        von A_NR       von A_NAME     von A_PREIS
```

Zur Einrichtung dieser und anderer Tabellen-Dateien muß ein Dateiname festgelegt werden, unter dem das dBASE-System die Tabellen-Datei ansprechen
kann.

Für unsere Datenbank mit den Tagesumsätzen der Vertreter werden wir als
Namen für die Tabellen-Dateien die Dateinamen VRTRTR, ARTIKEL und
UMSATZ wählen. Diesen Grundnamen wird vom dBASE-System automatisch
die für eine Tabellen-Datei charakteristische Namensergänzung *DBF* ("DBF"
ist das Kürzel für "Data Base File", d.h. Datenbasis-Datei) angefügt, so daß im
Inhaltsverzeichnis des externen Speichers die Dateien VRTRTR.DBF,
ARTIKEL.DBF und UMSATZ.DBF eingetragen werden.

Anstelle von VERTRETER haben wir den Grundnamen VRTRTR festgelegt.
Wenn nämlich ein Tabellenname länger als 8 Zeichen ist - wie etwa VERTRE-
TER -, müssen wir eine geeignete Abkürzung wählen, da der Grundname nur
aus maximal 8 Zeichen bestehen darf. Wenn klar ist, daß es sich um den Namen
einer Tabellen-Datei handelt, lassen wir gegebenenfalls die Namensergänzung
"DBF" weg, so daß wir etwa VRTRTR anstelle von VRTRTR.DBF schreiben.

## Arbeitsbereiche als Satzpuffer

Nach der Einrichtung unserer Tabellen-Dateien - wie wir diese Leistung vom
dBASE-System abrufen, lernen wir im nächsten Kapitel kennen - stellt sich das
Verarbeitungsschema wie folgt dar:

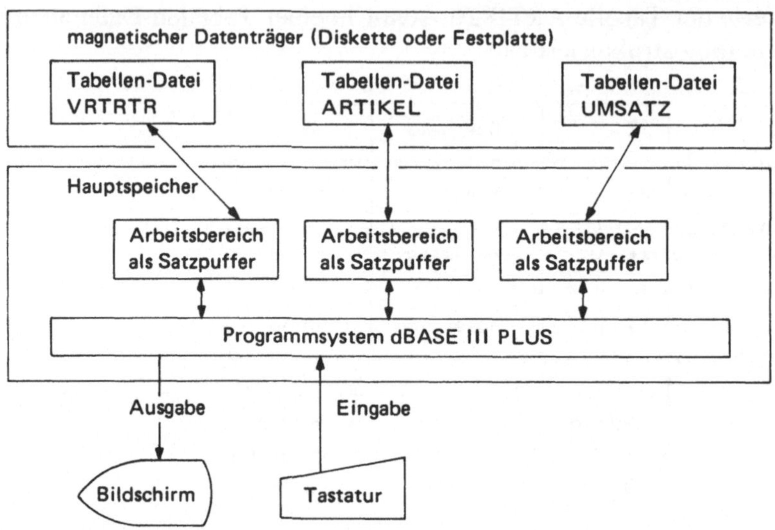



Für die Aufnahme eines Datensatzes in eine Tabellen-Datei bzw. für die Bereitstellung eines Datensatzes aus einer Tabellen-Datei zur weiteren Verarbeitung
muß jeweils ein der Tabellen-Datei zugeordneter <u>Arbeitsbereich als Satzpuffer</u>
im Hauptspeicher bereitgehalten werden. Ein derartiger Arbeitsspeicher wird
vom dBASE-System automatisch eingerichtet, wenn die Tabellen-Datei zur
Verarbeitung angemeldet wird.

Greifen wir etwa nach der Anmeldung von ARTIKEL auf den 2. Datensatz,
d.h. den Satz mit der Satznummer 2, zu - wie wir dies anfordern, lernen wir im
Kapitel 5 kennen -, so enthält der Arbeitsbereich nach der Datenübertragung
vom magnetischen Datenträger die folgenden Datenfeldinhalte:

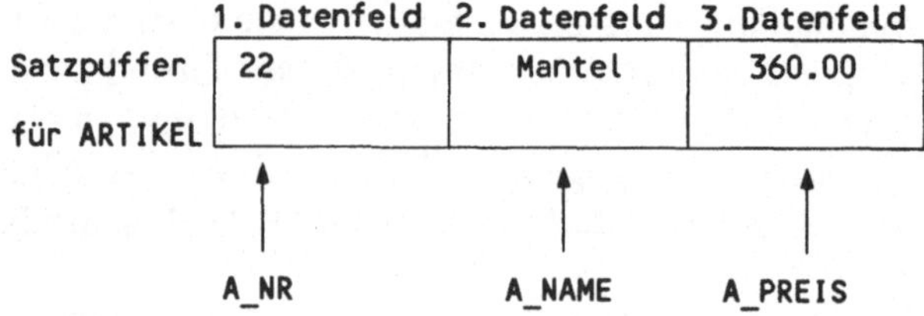



Für den gezielten Zugriff auf die Inhalte der einzelnen Datenfelder wollen wir
die Namen der Tabellenspalten aus der zugrundegelegten Tabelle verwenden,
so daß sich in dieser Situation etwa die Bildschirmausgabe der Werte 22 und
360.00 über die Ausgabeanforderung (siehe den DISPLAY-Befehl im Abschnitt
5.4)

```
DISPLAY A_NR, A_PREIS
```

abrufen lassen.

Bevor wir lernen, wie wir unsere Tabellen-Dateien mit den gewünschten Datenfeldnamen einrichten können, beschreiben wir zunächst, wie das dBASE-System gestartet wird.

# 3.3 Aufruf von dBASE III PLUS

## Das Start-Kommando

Nach dem Start des Betriebssystems und dem Einlegen der formatierten Daten-
Diskette im Laufwerk A stellen wir mit dem Kommando CD (change directory)
in der Form

```
C>CD DBASE<ret>
```

das Unterverzeichnis DBASE ein.

Hinweis:

Wir unterstellen, daß das dBASE-System auf der Festplatte im Unterverzeichnis DBASE installiert ist.

Anschließend rufen wir das dBASE-System durch das Start-Kommando

```
C>DBASE IIIPLUS<ret>
```

auf. Die Zeichenfolge "IIIPLUS" (jede andere Zeichenfolge ist ebenfalls möglich) geben wir deswegen innerhalb des Start-Kommandos an, weil wir unsere
Anforderungen an das System über *Befehle* (Befehls-Modus) und nicht über das
beim Aufruf in der Form "C>DBASE<ret>" standardmäßig bereitgestellte
"ASSIST-Menü" formulieren wollen.

Hinweis:

Es ist möglich, auch ohne die Zusatzangabe von "IIIPLUS" in den Befehls-Modus zu gelangen.
Dazu muß ein geeigneter Eintrag in der Datei CONFIG.DB gemacht werden (siehe Anhang
A.3), oder diese Datei darf beim Aufruf des dBASE-Systems durch das Start-Kommando nicht
zur Verfügung stehen. Eine weitere Möglichkeit besteht darin, daß nach der Ausgabe des
ASSIST-Menüs die Escape-Taste gedrückt wird.

Dieses "ASSIST-Menü" ist für Anfänger geeignet, die einfache Aufgabenstellungen lösen und sich dabei durch die vom dBASE-System bereitgestellten
Menüs führen lassen wollen. Da der Leistungsumfang, der im Rahmen dieser
Menüführung bereitgestellt wird, sehr stark eingeschränkt ist, verzichten wir
auf die Darstellung der Arbeit mit dem "ASSIST-Menü".

## Beginn des Dialogs mit dem dBASE-System

Nach der Eingabe des Start-Kommandos meldet sich das dBASE-System mit
der Ausgabe des Start-Menüs, das die Lizenzbedingungen enthält und in eine
Befehls-Zeile (Zeile 21) und in eine Meldungs-Zeile (Zeile 22) gegliedert ist.
Wir erkennen die Lizenzbedingungen durch den Druck der Return-Taste an und
geben auf die nachfolgende Eingabeanforderung (Prompt) vom dBASE-System
- gekennzeichnet durch die Angabe von Punkt "." und nachfolgendem Leerzeichen - den folgenden Befehl ein:

```
. SET STATUS OFF<ret>
```

Hinweis:

Die Zeichenfolge ". " fordert zur Eingabe auf. Sie wird nicht mit eingegeben. In der nachfolgenden Darstellung leiten wir jede Anforderung, die im Dialog gestellt wird, durch diesen Prompt ein.

Dadurch wird die Meldungs-Zeile in der Zeilenposition 22 gelöscht (in bestimmten Situationen werden Meldungen künftig in der 1. Bildschirmzeile eingetragen), und die Befehls-Zeile mit dem Prompt erscheint als letzte Bildschirmzeile.

## Befehle

Grundsätzlich muß jede Leistung, die wir vom dBASE-System anfordern, durch die Eingabe eines Befehls abgerufen werden.

Ein *Befehl* ist durch seinen Befehlsnamen - wie z.B. SET - einzuleiten. Ihm dürfen - dies ist befehls-spezifisch - ein oder mehrere Klauseln folgen, die jeweils aus ein oder mehreren Sprachelementen aufgebaut sind (z.B. "STATUS OFF" im oben angegebenen SET-Befehl).

Alle Sprachelemente sind durch ein oder mehrere Leerzeichen voneinander abzugrenzen. In Sonderfällen dürfen zwei Sprachelemente auch durch ein Komma getrennt werden. Schlüsselwörter - wie etwa die Befehlsnamen oder auch Elemente von Klauseln wie z.B. "STATUS" - lassen sich durch ihre ersten 4 Zeichen abkürzen.

Bei der Darstellung der *Syntax* eines Befehls geben wir Schlüsselwörter stets in Großbuchstaben an. An der Position für vom Anwender frei wählbare Bezeichnungen tragen wir Platzhalter mit klein geschriebenen Namen ein.

So läßt sich z.B. die Syntax (noch unvollständig!) für den bereits oben verwendeten Befehl DISPLAY zur Bildschirmausgabe von Feldinhalten durch die folgende Angabe beschreiben:

```
DISPLAY feldname-1 [ , feldname-2 ]...
```

Dabei zeigen die beiden Optionalklammern "[" und "]" an, daß der Klammerinhalt angegeben werden darf oder auch fehlen kann. Die hinter der schließenden Klammer aufgeführten Punkte "..." legen fest, daß der Klammerinhalt geeignet oft wiederholt werden darf.

Bei der Eingabe von dBASE-Befehlen dürfen wir innerhalb der Schlüsselwörter und der Feldnamen auch Kleinbuchstaben verwenden, weil nicht zwischen Klein- und Großbuchstaben unterschieden wird.

Pro Befehl können jeweils bis zu 254 Zeichen über die Tastatur eingegeben werden (führende Leerzeichen zählen mit!). Ab der 78. Zeichenposition wird für jedes zusätzlich angegebene Zeichen das innerhalb der aktuellen Eingabezeile am weitesten links positionierte Zeichen ausgeblendet.

## Korrektur von Eingabefehlern

Betätigen wir bei der Befehls-Eingabe eine falsche Taste, so können wir diesen
Fehler durch die Backspace-Taste unmittelbar korrigieren. Bemerken wir den
Fehler erst zu einem späteren Zeitpunkt - jedoch noch vor dem Absenden des
Befehls -, so positionieren wir mit der Taste Cursor-Links bzw. Cursor-Rechts
auf die zu ändernde Textstelle und führen die Korrektur durch die Eingabe des
richtigen Zeichens bzw. durch den zusätzlichen Einsatz der Insert- oder Delete-
Taste durch.

Wird ein an das dBASE-System abgesandter Befehl als falsch zurückgewiesen,
so erscheint im Anschluß an einen erläuternden Fehlertext die Meldung:

```
Wünschen Sie HILFE (J/N)
```

Hinweis:

Diese Meldung kann durch den Befehl "SET HELP OFF" abgeschaltet werden.

In diesem Fall können wir uns entweder Information über den betreffenden Befehl auf dem Bildschirm ausgeben lassen (Eingabe von "J") oder (durch Eingabe von "N") wieder eingabeberechtigt werden. Anschließend läßt sich der
zuvor übermittelte Befehl in einer von uns als richtig erachteten Form erneut
eingeben. Um diesen Vorgang der erneuten Zeicheneingabe abzukürzen, können wir durch den Druck auf die Taste *Cursor-Hoch* den zuletzt eingegebenen
Befehl in die Befehls-Zeile *zurückholen* und ihn nach einer geeigneten Korrektur erneut absenden.

Da die Befehle in einem eigenständigen *Befehlspuffer* abgespeichert werden,
kann nicht nur der letzte, sondern auch ein davor eingegebener Befehl in die
Befehls-Zeile übertragen werden.

Standardmäßig werden stets die letzten 20 Befehle zur erneuten Ausgabe in die
Befehls-Zeile aufbewahrt. Soll diese Anzahl verändert werden, so ist die neue
Anzahl über die Eingabe des SET HISTORY ON-Befehls in der Form

```
SET HISTORY ON anzahl
```

zu übermitteln.

Hinweis:

Es kann auch ein entsprechender Eintrag in der Datei CONFIG.DB vorgenommen werden (siehe
Anhang A.3).

Mit Hilfe der Taste *Cursor-Tief* können wir auch wiederum auf nachfolgende
Befehle "vorblättern", so daß wir Befehle in beliebiger Abfolge aus zuvor eingegebenen Befehlen zur erneuten Eingabe auswählen können.

## Umstellung des Laufwerks

Da wir unsere Tabellen-Dateien auf der Daten-Diskette im Laufwerk A und
nicht auf dem standardmäßig voreingestellten Laufwerk C speichern wollen,
müssen wir in den dBASE-Befehlen einem Tabellen-Dateinamen die Lauf-

werksbezeichnung "A" - mit nachfolgendem Doppelpunkt ":" - voranstellen oder aber das Laufwerk von C auf A umstellen. Diese Änderung der Laufwerksbezeichnung wird möglich durch die Eingabe eines *SET DEFAULT TO*-Befehls in der Form:

```
SET DEFAULT TO laufwerksbezeichnung
```

Für unsere folgenden Beschreibungen setzen wir grundsätzlich voraus, daß wir nach dem Start des dBASE-Systems durch den Befehl

```
. SET DEFAULT TO A<ret>
```

(ohne den auf der Betriebssystemebene hinter "A" notwendigen Doppelpunkt) das Laufwerk von C auf A eingestellt haben.

## Beenden des Programmlaufs

Wollen wir die Ausführung des dBASE-Systems beenden, so müssen wir den Befehl *QUIT* in der Form

```
. QUIT<ret>
```

eingeben. Daraufhin meldet sich wiederum das Betriebssystem mit seinem Prompt

```
C>
```

und erwartet unsere nächste Kommandoeingabe.

In den folgenden Kapiteln demonstrieren wir das Arbeiten mit dem dBASE-System. Dabei stellen wir die jeweils erforderlichen Befehle vor, die wir zum Abruf unserer Wünsche an das System richten müssen. Wir werden die möglichen Anforderungen nicht summarisch beschreiben, sondern stets das funktionsorientierte Arbeiten mit unserer Beispiel-Datenbasis in den Vordergrund der Betrachtung stellen.

# 4 Einrichtung und Sicherung einer Tabellen-Datei

## 4.1 Einrichtung einer Tabellen-Datei (CREATE)

### Das CREATE-Menü

Nachdem wir (im Abschnitt 2.1) für unsere Beispieldaten der Vertreterumsätze ein relationales Datenmodell konzipiert haben, stellen wir uns jetzt die Aufgabe, die zur Speicherung des Datenbestands erforderlichen Tabellen-Dateien auf unserer Daten-Diskette einzurichten.

Zum Aufbau einer Tabellen-Datei geben wir den *CREATE-Befehl* in der Form

```
CREATE tabellen-dateiname
```

an. Für den Platzhalter "tabellen-dateiname" ist ein Dateiname (mit oder ohne die Ergänzung "DBF") aufzuführen, dem eine Kennzeichnung für das Laufwerk (mit nachfolgendem Doppelpunkt ":") vorangestellt sein kann.

Für den fortgeschrittenen Anwender merken wir an, daß einem Dateinamen auch ein *Pfadname* zur Kennzeichnung eines Unterverzeichnisses vorangestellt sein darf. Diese Regelung gilt grundsätzlich für alle Befehle, in denen Dateinamen anzugeben sind.

Ohne eine Laufwerksangabe wird die Tabellen-Datei auf dem aktuellen Laufwerk - in unserem Fall auf dem Disketten-Laufwerk A - eingerichtet. Sollen Dateien auf der Festplatte angelegt werden, so empfiehlt es sich, die zu einer Datenbasis gehörenden Dateien in einem eigenständigen Unterverzeichnis abzuspeichern.

Hinweis:

Dazu ist nach dem Start des Betriebssystems z.B. das Kommando "SUBST E: C:\DBASE\DB" und anschließend im Dialog mit dem dBASE-System der Befehl "SET DEFAULT TO E" einzugeben. Dadurch werden die Tabellen-Dateien im Unterverzeichnis DB abgespeichert.

Zur Vereinbarung der *Datensatz-Struktur* wird das folgende CREATE-Menü auf dem Bildschirm ausgegeben:

```
                                            Restliche Bytes:   4000

┌─────────────────┬──────────────┬──────────────┬─────────────────────┐
│ CURSOR: <-- -->  │ Einfügen     │   Löschen     │ Feld auf      :  ↑  │
│ Zeich.:    ← →   │ Zeich.: Ins  │ Zeich.:  Del  │ Feld ab       :  ↓  │
│ Wort  :Home End  │ Feld  : ^N   │ Wort  : ^Y    │ Ende/Sichern: ^End  │
│ Spalte: ^← ^→    │ HILFE : F1   │ Feld  : ^U    │ Abbruch     :  Esc  │
└─────────────────┴──────────────┴──────────────┴─────────────────────┘

   Feldname    Typ    Länge  Dez        Feldname    Typ    Länge  Dez
   ════════════════════════════        ═══════════════════════════════
 1 ████████  Zeichen  ███   ███
```

In diesem Menü sind die Datenfelder der gewünschten Datensatz-Struktur zu beschreiben, wobei die Angaben für das erste Feld in der ersten (durch "1" ge-kennzeichneten) Zeile und die Angaben für die weiteren Felder darunter vorzu-nehmen sind.

Jeder *Feldname* darf aus max. 10 Zeichen bestehen. Er ist durch einen Buchsta-ben einzuleiten, dem weitere Buchstaben oder Ziffern oder das Unterstrei-chungszeichen "_" folgen können. Die Namen A, B, C, D, E, F, G, H, I, J und M dürfen nicht verwendet werden, da sie zur Kennzeichnung von Arbeitsberei-chen und des Variablenbereichs reserviert sind (siehe unten).

Entsprechend dem Datenfeldinhalt müssen wir in die Menüspalte "Typ" eines der folgenden Zeichen eintragen:

- das Zeichen "Z" für ein *alphanumerisches* Feld, d.h. der Feldinhalt wird als Text aufgefaßt (Voreinstellung),

- das Zeichen "N" für ein *numerisches* Feld, d.h. der Feldinhalt wird als Zahl interpretiert, oder

- das Zeichen "D" für ein *Datums-Feld*, d.h. der Feldinhalt ist ein Datums wert und folglich von der Form "tt.mm.jj" ("Tag.Monat.Jahr").

Die jeweils zugehörige Länge ist in der Menüspalte "Länge" einzutragen, wo-bei für "Z" ein Wert kleiner gleich 254 und für "N" ein Wert kleiner gleich 19 (inklusive Vorzeichen, Dezimalpunkt und Nachkommastellen) anzugeben ist. Für "D" wird automatisch der Wert 8 eingetragen.

Für numerische Felder mit nichtganzzahligem Inhalt muß in der Menüspalte "Dez" bestimmt werden, wieviele Stellen hinter dem Dezimalpunkt vorhanden sind.

Für die Felder unserer Tabellen-Dateien müssen wir somit verabreden:

- V_NR: numerisch ganzzahlig mit Länge 4,

- V_NAME, V_ANSCH: alphanumerisch mit Länge 30,

- V_PROV: numerisch mit Länge 4 (inkl. Dezimalpunkt), davon 2 Nachkommastellen

- A_NR: numerisch ganzzahlig mit Länge 2,

- A_NAME: alphanumerisch mit Länge 20,

- V_KONTO, A_PREIS: numerisch mit Länge 7 (inkl. Dezimalpunkt), davon 2 Nachkommastellen, und

- A_STUECK: numerisch ganzzahlig mit Länge 3.

Neben den Standard-Feldtypen "Z", "N" und "D" gibt es für besondere An-wendungen die Möglichkeit, ein logisches Feld oder ein Memo-Feld zu verab-reden.

Ein *logisches* Feld wird mit dem Feldtyp "L" gekennzeichnet, die Länge ist 1, und die möglichen Feldinhalte sind die Wahrheitswerte "T" für "true" (wahr) und "F" für "false" (falsch).

Zur platzsparenden Speicherung von Texten (Anmerkungen oder Dokumente), die ein oder mehreren Feldern innerhalb eines Datensatzes zugeordnet sind, lassen sich *Memo-Felder* innerhalb der Datensatz-Struktur vereinbaren. Ein Memo-Feld hat den Feldtyp "M", ist stets 10 Zeichen lang und verweist auf einen Eintrag in einer gesonderten Disketten-Datei, deren Name aus dem im CREATE-Befehl angegebenen Grundnamen der Tabellen-Datei und der Namensergänzung "DBT" besteht. Jeder mit einem Datensatz korrespondierende Eintrag in der DBT-Datei darf aus maximal 5000 Zeichen bestehen.

Die Gesamtlänge eines Datensatzes innerhalb einer Tabellen-Datei darf 4000 Zeichen nicht überschreiten, und es dürfen maximal 128 Felder in einer Datensatz-Struktur verabredet werden. Insgesamt lassen sich maximal 2 Milliarden Zeichen innerhalb von maximal 1 Milliarde Sätzen speichern, d.h. die Höchstwerte sind durch die Speicherkapazität des Mikrocomputers begrenzt.

Die Eingabe der Strukturangaben in das CREATE-Menü wird durch die folgenden Tasten unterstützt:

<ret>      : Sprung auf das nächste Bildschirm-Feld,

↑ (PgUp) : Sprung auf den Anfang der vorausgehenden Menü-Zeile
           (Bild-Hoch),

↓ (PgDn) : Sprung auf den Anfang der nachfolgenden Menü-Zeile
           (Bild-Tief),

←        : Cursor eine Position nach links (Cursor-Links),

→        : Cursor eine Position nach rechts (Cursor-Rechts),

Ctrl+N   : Zeile einfügen vor der Zeile, in welcher der Cursor
           plaziert ist,

Ctrl+U   : Zeile löschen, in welcher der Cursor steht,

Del      : Löschen des Zeichens, das durch den Cursor
           gekennzeichnet ist,

Ins      : Einfügen eines Zeichens an der Position, an welcher der
           Cursor steht, und

Backspace: Löschen des zuletzt eingegebenen Zeichens.

Zum Aufbau der Tabellen-Datei für die Daten aus der Tabelle ARTIKEL geben wir den Befehl

```
. CREATE ARTIKEL
```

an, woraufhin die Tabellen-Datei ARTIKEL.DBF auf der Diskette eingerichtet wird, da das Laufwerk A von uns voreingestellt wurde. Die zugehörige Datensatz-Struktur ist durch die Spalten der Tabelle ARTIKEL bestimmt, so daß wir die folgenden Angaben machen:

```
  Feldname    Typ      Länge Dez        Feldname    Typ      Länge Dez
  ========================================        ========================================
1 A_NR        Numerisch    2   0
2 A_NAME      Zeichen     20
3 A_PREIS     Numerisch    7   2
```

Zur Kennzeichnung, daß die angezeigte Struktur als Datensatz-Struktur verabredet werden soll, müssen wir die Tastenkombination "Ctrl+End" und anschließend - zur Bestätigung, daß die angezeigte Struktur auch die von uns gewünschte Struktur ist - die *Return-Taste* betätigen.


## Dateneingabe

Wollen wir noch während der Ausführung des CREATE-Befehls Datensätze
dialog-gestützt in die vereinbarte Tabellen-Datei übertragen, so müssen wir die
anschließend auf dem Bildschirm angezeigte Frage

```
"Wollen Sie jetzt Datensätze eingeben (J/N)"
```

mit "J" beantworten, woraufhin - in unserem Fall - das folgende Erfassungs-
Menü am Bildschirm angezeigt wird:

```
┌─────────────────────┬─────────────────────┬──────────────────┬──────────────────────┐
│ CURSOR:  <-- -->    │          Auf    Ab  │   Löschen        │ Einfügemodus: Ins    │
│ Zeich.:    ← →      │ Feld :    ↑     ↓   │ Zeich.: Del      │ Ende    :      ^End  │
│ Wort  : Home End    │ Seite: PgUp  PgDn   │ Feld  : ^Y       │ Abbruch:        Esc  │
│                     │ HILFE:  F1          │ Satz  : ^U       │ Memo    :      ^Home │
└─────────────────────┴─────────────────────┴──────────────────┴──────────────────────┘
A_NR          < >
A_NAME        <                      >
A_PREIS       <    .  >
```

Standardmäßig werden die Eingabefelder in diesem Menü (wie auch in anderen
Menüs) invers angezeigt, so daß dunkle Zeichenkonturen auf erhelltem Unter-
grund ausgegeben werden. Aus Gründen der Darstellung setzen wir zu Dialogbeginn die Befehle

```
. SET DELIMITERS TO "<>"

. SET DELIMITERS ON

. SET INTENSITY OFF
```

ein, so daß die Kennzeichnung der Eingabefelder jeweils durch die Zeichen
"<" und ">" erfolgt.

Hinweis:

Diese Angaben sollten zweckmäßigerweise in der Datei CONFIG.DB enthalten sein (siehe Anhang A.3).

Im oberen Bildschirmteil ist die Bedienungsanleitung für die Verwendung der
Tasten bei der Dateneingabe eingeblendet. Sie kann mit der Funktionstaste F1
aus- bzw. eingeschaltet werden. Im unteren Bildschirmteil sind die Erfassungsfelder angezeigt, in welche die Daten für einen Datensatz einzutragen sind.

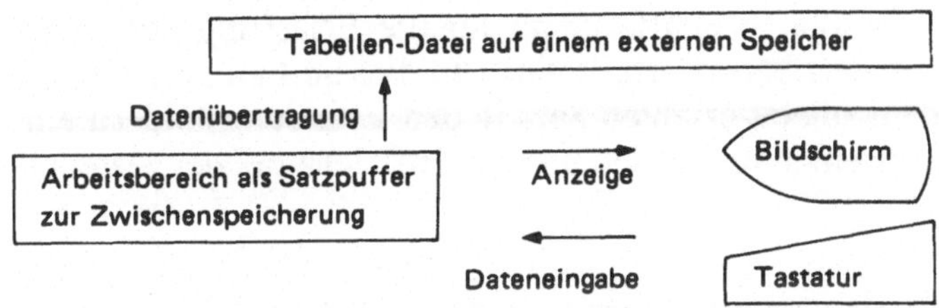


Zur Zwischenspeicherung der eingegebenen Werte ist der Tabellen-Datei im
Hauptspeicher ein *Arbeitsbereich als Satzpuffer* zugeordnet - man sagt, daß die
Tabellen-Datei im Arbeitsbereich *angemeldet* ist. In diesem Satzpuffer werden
die über die Tastatur eingegebenen Daten zusammengestellt, von wo sie als *ein*
Datensatz auf die Diskette übertragen werden. Der Satztransport wird immer
dann vorgenommen, wenn der Puffer zur Zusammenstellung der Werte für den
nächsten Datensatz benötigt wird. Ist der letzte Satz erfaßt worden, so ist anschließend das Ende der Erfassung durch den Druck auf die Tasten "*Ctrl+End*"
(ersatzweise durch den Druck auf die Escape-Taste oder die Return-Taste bei
der Ausgabe des nächsten leeren Erfassungs-Menüs) anzuzeigen.

Anschließend stehen die erfaßten Datensätze zur Verarbeitung bereit, da die
Tabellen-Datei weiterhin im Arbeitsbereich angemeldet bleibt. Der Satzpuffer
enthält den zuletzt erfaßten Datensatz. Dieser Satz wird erst dann in die Tabellen-Datei übertragen, wenn die Tabellen-Datei aus dem Puffer abgemeldet oder
der Puffer zur Aufnahme eines anderen Datensatzes benötigt wird.

Genau wie bei der soeben beschriebenen Einrichtung der Tabellen-Datei
ARTIKEL verabreden wir auch beim Aufbau der Tabellen-Dateien VRTRTR
und UMSATZ als Feldnamen die von uns zuvor gewählten Namen der
Tabellenspalten, so daß wir jede gewünschte Auswertung des Datenbestands
mit Hilfe der uns von der Modellbildung (im Abschnitt 2.1) her bekannten Namen formulieren können.


### Dateneingabe in ein Memo-Feld

Um in ein Memo-Feld Text eingeben zu können, müssen wir den Cursor an den
Anfang dieses Felds - an die Zeichenposition von "M" der als Feldinhalt angezeigten Zeichenfolge "MEMO" - positionieren und die Tasten "Ctrl+Home"
drücken. Anschließend lassen sich Texte mit dem dBASE-Editierprogramm
(siehe Anhang A.6) erfassen. Soll die Zeicheneingabe beendet werden, so sind
die Tasten "Ctrl+End" zu betätigen.


### Übernahme des alten Satzinhalts

Sind Datensätze zu erfassen, bei denen Datenfeldinhalte über Sätze hinweg
gleich bzw. nur geringfügig zu ändern sind, so läßt sich durch die Angabe des
*SET CARRY*-Befehls in der Form

```
SET CARRY ON
```

verabreden, daß der jeweils alte Satzpufferinhalt für die Erfassung der Daten des nächsten Satzes *unverändert* bereitgestellt wird. In diesem Fall sind nur die Änderungen gegenüber dem zuletzt erfaßten Satz in den Erfassungsfeldern einzutragen, so daß Erfassungsfehler vermieden und die Effizienz bei der Datenerfassung gesteigert wird.

Hinweis:

Wird keine Eingabe in das Erfassungsfeld vorgenommen, sondern nach der Anzeige des zuletzt erfaßten Satzinhalts nur die Return-Taste betätigt, so wird die Dateneingabe abgebrochen.

Der SET CARRY-Befehl ist *vor* der Eingabe des CREATE-Befehls anzugeben. Seine Wirkung wird durch eine nachfolgende Angabe des *SET CARRY*-Befehls in der Form

```
SET CARRY OFF
```

wieder aufgehoben.


## 4.2 Anmeldung einer Tabellen-Datei zur Verarbeitung (USE)


### Der USE-Befehl

Sollen die Datensätze einer auf der Diskette vorhandenen Tabellen-Datei verarbeitet werden, so muß diese Datei in einem Arbeitsbereich als Satzpuffer *angemeldet* sein. Diese Anmeldung wird durch die Ausführung des *USE*-Befehls in der Form

```
USE tabellen-dateiname
```

vorgenommen. Als "tabellen-dateiname" ist der Dateiname (mit oder ohne die Ergänzung "DBF") aufzuführen. Ihm muß eine Laufwerksangabe vorangestellt werden, sofern die Disketten-Datei nicht auf dem aktuellen Laufwerk (mit dem SET DEFAULT TO-Befehl einstellbar) vorhanden ist. War bereits eine Tabellen-Datei im Arbeitsbereich angemeldet, so wird sie abgemeldet und die im USE-Befehl aufgeführte Datei an ihrer Stelle im Arbeitsbereich angemeldet.

Durch die Ausführung des USE-Befehls enthält der Satzpuffer, in dem eine Tabellen-Datei angemeldet ist, den *ersten* Datensatz der Tabellen-Datei, so daß z.B. durch die Befehle

```
. USE ARTIKEL
. DISPLAY
```

der erste Datensatz von ARTIKEL auf dem Bildschirm protokolliert wird (zum DISPLAY-Befehl siehe Abschnitt 5.4).

## Ausgabe der Tabellen-Dateinamen

Wollen wir uns vor der Angabe des USE-Befehls über den aktuellen Stand der
auf einem externen Speicher vorhandenen Tabellen-Dateien informieren, so
können wir dazu den Befehl *DIR* in der Form

```
DIR [ laufwerk ]
```

angeben, woraufhin alle Tabellen-Dateien, die auf dem aktuellen bzw. hinter
dem Wort "DIR" angegebenen Laufwerk vorhandenen sind, am Bildschirm angezeigt werden.

## Ausgabe der Datensatz-Struktur

Sollen Angaben über die *Datensatz-Struktur* einer Tabellen-Datei auf dem Bildschirm angezeigt werden, so müssen wir den *DISPLAY STRUCTURE*-Befehl
(nach der Anmeldung der Tabellen-Datei im aktuellen Satzpuffer) in der Form

```
DISPLAY STRUCTURE [ TO PRINT ]
```

eingeben. Durch die Aufführung von "TO PRINT" läßt sich die Struktur-Be-
schreibung zusätzlich auf einen angeschlossenen Drucker ausgeben. Für die angemeldete Tabellen-Datei ARTIKEL.DBF führt dieser Befehl zur folgenden
Bildschirmausgabe:

```
Datenbankstruktur        : A:ARTIKEL.dbf
Anzahl der Datensätze :          4
Letztes Änderungsdatum: 25.06.88
Feld    Feldname      Typ          Länge   Dez
     1  A_NR          Numerisch       2
     2  A_NAME        Zeichen        20
     3  A_PREIS       Numerisch       7      2
**  Gesamt **                       30
```

Hinweis:

Die Gesamtlänge eines Datensatzes errechnet sich aus der um 1 erhöhten Summe der Feldlän-
gen.

# 4.3 Erfassung von Datensätzen (APPEND)

## Anfügen von Datensätzen

Wollen wir in eine mit dem CREATE-Befehl definierte Tabellen-Datei neue
Datensätze anfügen, so muß diese Datei im Arbeitsbereich angemeldet sein. Ist
der CREATE-Befehl nicht unmittelbar vorausgegangen, so ist die Tabellen-
Datei zunächst durch den Befehl

```
USE tabellen-dateiname
```

im Arbeitsbereich anzumelden. Es gibt dann mehrere Möglichkeiten, die gewünschten Ergänzungen vorzunehmen:

- z.B. über die Tastatureingabe in der Form, wie sie im Zusammenhang mit der Beschreibung des CREATE-Befehls vorgestellt wurde, oder auch

- durch die Eingabe aus einer sogenannten Text-Datei, deren Sätze mit einem Editier- oder einem Anwenderprogramm eingerichtet wurden.


## Dateneingabe über die Tastatur

Wollen wir die Datenerfassung über die Tastatur vornehmen, so müssen wir den *APPEND*-Befehl in der Form

```
APPEND
```

angeben. Es wird das vom CREATE-Befehl her bekannte Erfassungs-Menü auf dem Bildschirm angezeigt, so daß wir die Dateneingabe genauso, wie wir es für die Ausführung des CREATE-Befehls oben beschrieben haben, durchführen können. Sind in der Tabellen-Datei bereits Sätze vorhanden, so werden die erfaßten Datensätze - in der Reihenfolge ihrer Eingabe über die Tastatur - *hinter* dem letzten in der Datei vorhandenen Satz angefügt.


## Dateneingabe aus einer Text-Datei

Sind die in die Tabellen-Datei zu übertragenden Datensätze bereits in einer Text-Datei enthalten, die mit einem unter MS-DOS ablaufenden Editierprogramm oder einem Anwenderprogramm eingerichtet wurde, so können wir diese Sätze durch die Ausführung des *APPEND FROM*-Befehls mit den Schlüsselwörtern *TYPE* und *SDF* (kürzt "System Data Format" ab) in der Form

```
APPEND FROM text-dateiname TYPE SDF
```

an die in der Tabellen-Datei vorhandenen Sätze anfügen. Natürlich muß diesem APPEND FROM-Befehl eine Anmeldung der Tabellen-Datei vorausgehen, und die Datensatz-Struktur der Text-Datei muß mit der Struktur der Tabellen-Datei verträglich sein. Dies bedeutet, daß die Reihenfolge, in der die Daten hintereinander - ohne eine Trennung durch zusätzliche Zwischenräume - abgespeichert sind, mit der Anordnung der Felder innerhalb der Tabellen-Datei übereinstimmen müssen.

Hinweis:

Zur Eingabe von Daten aus einem anderen Anwendersystem siehe Anhang A.4.

Haben wir etwa die Umsatzdaten mit dem MS-DOS-Editierprogramm EDLIN in der Text-Datei UMSATZ.TXT auf der Daten-Diskette erfaßt, wobei die Daten in der Form (Datum als: Jahr, Monat, Tag)

```
841312 4019880624
501622 1019880624
841311 7019880624
121511 2019880625
501622 3519880625
841313 3519880624
121513  519880624
121512 1019880624
841311 2019880625
```

gespeichert sind, so können wir diese Datei durch die Befehle

```
. USE UMSATZ
. APPEND FROM UMSATZ.TXT TYPE SDF
```

in die Tabellen-Datei UMSATZ.DBF übertragen lassen.

## 4.4 Veränderung der Tabellen-Struktur (MODIFY STRUCTURE)

Sind die in einer Tabellen-Datei zu speichernden Daten in einer Text-Datei vorhanden, so können wir für den Fall, daß die Strukturen beider Dateien nicht übereinstimmen, in folgender Weise vorgehen:

Zunächst legen wir durch den CREATE-Befehl die innerhalb der Text-Datei vorhandene Anordnung der Datenfelder als Struktur der Tabellen-Datei fest; anschließend geben wir den APPEND FROM-Befehl zur Übertragung der Daten aus der Text-Datei an, und danach setzen wir den *MODIFY STRUCTURE*-Befehl in der Form

```
MODIFY STRUCTURE
```

zur *Veränderung* der ursprünglichen Satz-Struktur ein. Bei diesem Befehl wird das vom CREATE-Befehl (zur Vereinbarung einer Tabellen-Datei) her bekannte Menü auf dem Bildschirm ausgegeben, das mit Hilfe der im oberen Bildschirmbereich beschriebenen Tastenfunktionen - wie etwa "Ctrl+U" für das Löschen von Datenfeldern - verändert werden kann. Es ist zu beachten, daß bei einer bereits gefüllten Tabellen-Datei bei gleichzeitig erforderlichen Änderungen von Feldname, Typ und Länge wie folgt vorzugehen ist: In einem ersten Schritt sollten Feldname und Typ und erst in einem zweiten Schritt die Längenangabe geändert werden.

Nach der abschließenden Eingabe der Tastenkombination "*Ctrl+End*" wird die bislang gültige Struktur der Tabellen-Datei gemäß unserer Menü-Eintragung verändert. Dabei werden die Datenfelder der abgespeicherten Datensätze, die für die neue Struktur vorgesehen sind, in der verabredeten Reihenfolge zu Datensätzen zusammengestellt und in die Tabellen-Datei übertragen.

Liegen etwa die Daten aus der Tabelle ARTIKEL-UMSATZ (siehe Abschnitt 2.1) in der Text-Datei ARTUMS.TXT auf der Daten-Diskette in der Form

```
8413120berhemd              39.80 4019880624
501622Mantel               360.00 1019880624
8413110berhemd              44.20 7019880624
1215110berhemd              44.20 2019880625
501622Mantel               360.00 3519880625
841313Hose                 110.50 3519880624
121513Hose                 110.50  519880624
1215120berhemd              39.80 1019880624
8413110berhemd              44.20 2019880625
```

vor, so können wir die Tabellen-Datei UMSATZ.DBF in der folgenden Weise aufbauen:

Zunächst richten wir die Tabellen-Datei UMSATZ.DBF durch den CREATE-Befehl mit den folgenden Kenndaten (als vorläufige Struktur) ein:

```
  Feldname    Typ        Länge  Dez          Feldname    Typ        Länge  Dez
  ========================================   ==================================
1 V_NR        Numerisch     4    0
2 A_NR        Numerisch     2    0
3 A_NAME      Zeichen      20
4 A_PREIS     Numerisch     7    2
5 A_STUECK    Numerisch     3    0
6 DATUM       Datum         8
```

Anschließend übertragen wir die Sätze von ARTUMS.TXT in die Datei UMSATZ.DBF, indem wir die Befehle

```
. USE UMSATZ
. APPEND FROM ARTUMS.TXT TYPE SDF
```

ausführen lassen. Nach dem anschließenden Aufruf von

```
. MODIFY STRUCTURE
```

löschen wir die Felder, die durch die Feldnamen A_NAME und A_PREIS gekennzeichnet sind, so daß wir das gewünschte Ergebnis erhalten.

Durch den Einsatz des MODIFY STRUCTURE-Befehls können nicht nur die Anzahl und die bestehende Reihenfolge von Datenfeldern, sondern auch der Feldtyp und die Feldlänge geeignet angepaßt werden. Somit läßt sich der Befehl MODIFY STRUCTURE auch in den Fällen einsetzen, in denen eine mit dem CREATE-Befehl erfolgte Strukturverabredung nachträglich zu korrigieren ist (siehe die oben angegebene Anmerkung zum Vorgehen bei einer Änderung).

# 4.5 Sicherung von Tabellen-Dateien (COPY)

## Kopie einer Tabellen-Datei

Nach der Einrichtung und Übertragung von Datensätzen in eine Tabellen-Datei sollte vom Dateiinhalt eine Sicherungskopie angelegt werden. Dazu läßt sich der *COPY TO*-Befehl in der Form

```
COPY TO tabellen-dateiname
```

verwenden. Durch diesen Befehl wird eine neue Tabellen-Datei namens "tabellen-dateiname" eingerichtet und mit den Sätzen der im aktuellen Arbeitsbereich angemeldeten Tabellen-Datei gefüllt.

So können wir z.B. durch

```
. USE VRTRTR
. COPY TO C:VRTRTRKP
```

den Inhalt der angemeldeten Tabellen-Datei VRTRTR in die Tabellen-Datei VRTRTRKP.DBF auf der Festplatte übertragen. Die neu erstellte Tabellen-Datei kann anschließend durch einen USE-Befehl in einem anderen Arbeitsbereich zur Verarbeitung angemeldet werden. Die Tabellen-Datei, von der die Kopie gezogen wurde, bleibt im aktuellen Arbeitsbereich angemeldet und kann weiter verarbeitet werden.

Soll nicht der gesamte Bestand, sondern nur ausgewählte Felder kopiert werden, so ist der *COPY TO*-Befehl in der Form

```
COPY TO tabellen-dateiname FIELDS feldname-1 [, feldname-2]...
```

anzugeben. In diesem Fall werden <u>nur</u> die hinter dem Schlüsselwort *FIELDS* aufgeführten Felder in die neue Tabellen-Datei übernommen.

## Übernahme der Satz-Struktur

Soll *nicht* der Datenbestand kopiert, sondern *nur* die Satz-Struktur zur Einrichtung einer neuen Tabellen-Datei übertragen werden, so ist der *COPY STRUCTURE*-Befehl in der Form

```
COPY STRUCTURE TO tabellen-dateiname
              [ FIELDS feldname-1 [ , feldname-2 ]... ]
```

anzugeben. Soll nicht die gesamte Struktur, sondern nur ausgewählte Datenfelder übernommen werden, so sind die Feldnamen in der gewünschten Reihenfolge hinter dem Schlüsselwort *FIELDS* aufzuführen.

## Übertragung der Datensätze

Eine weitere Einsatzmöglichkeit für den *COPY TO*-Befehl ergibt sich in der
Form:

```
COPY TO text-dateiname TYPE SDF
```

In diesem Fall werden <u>alle</u> Datensätze der Tabellen-Datei, die im aktuellen Arbeitsbereich angemeldet ist, in eine <u>Text-Datei</u> übertragen. Anschließend kann
eine Verarbeitung durch das Editierprogramm EDLIN oder ein anderes Anwenderprogramm erfolgen.

So lassen sich etwa die in der Tabellen-Datei VRTRTR erfaßten Daten durch
die Befehle

```
. USE VRTRTR
. COPY TO VRTRTR.TXT TYPE SDF
```

in der Text-Datei VRTRTR.TXT auf der Daten-Diskette sichern.


Aufgaben

Aufgabe 4.1
In der Text-Datei KUNDE.TXT sind die folgenden 3 Datensätze enthalten:

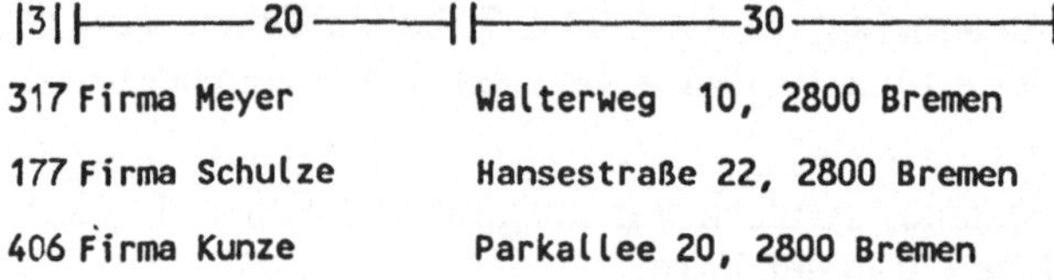

```
|3| |————— 20 ———— | |————————30————————|

317 Firma Meyer        Walterweg  10, 2800 Bremen

177 Firma Schulze      Hansestraße 22, 2800 Bremen

406 Firma Kunze        Parkallee 20, 2800 Bremen
```

Hieraus ist die Tabellen-Datei KUNDE.DBF - mit den Tabellenspalten KDNR (numerisch, 3-
stellig), KDNAME (alphanumerisch, 20-stellig) und KDANSCH (alphanumerisch, 30-stellig) -
durch Kopieren zu erstellen!


Aufgabe 4.2
Aus Auftragsformularen (vgl. Anhang A.2) sind die folgenden Daten entnommen:

| AUFNR | DATUM | TERMIN | POSNR | TEILENR | TEILEANZ | KDNR |
|---|---|---|---|---|---|---|
| 416 | 11.11.87 | 05.02.88 | 1 | 116 | 60 | 317 |
| 416 | 11.11.87 | 05.02.88 | 2 | 037 | 60 | 317 |
| 416 | 11.11.87 | 05.02.88 | 3 | 128 | 30 | 317 |
| 417 | 11.11.87 | 15.02.88 | 1 | 037 | 20 | 406 |
| 417 | 11.11.87 | 15.02.88 | 2 | 116 | 20 | 406 |
| 418 | 12.11.87 | 29.01.88 | 1 | 128 | 10 | 177 |
| 418 | 12.11.87 | 29.01.88 | 2 | 116 | 15 | 177 |
| 419 | 12.11.87 | 10.02.88 | 1 | 037 | 10 | 317 |
| 419 | 12.11.87 | 10.02.88 | 2 | 116 | 5 | 317 |
| 419 | 12.11.87 | 10.02.88 | 3 | 128 | 10 | 317 |

Es ist eine Tabellen-Datei namens AUFPOSKD.DBF - mit den aufgeführten Tabellenspalten -
einzurichten und mit den Daten zu füllen! Dabei ist die Auftragsnummer (AUFNR) eine 3-stel-
lige, die Positionsnummer (POSNR) eine 1-stellige, die Teilenummer (TEILENR) eine 3-stellige,
die Teileanzahl (TEILEANZ) eine 3-stellige und die Kundennummer (KDNR) eine 3-stellige
numerische Größe.


**Aufgabe 4.3**
Zur Kontrolle sind die Tabellen-Strukturen von KUNDE.DBF und AUFPOSKD.DBF auf dem
Bildschirm anzuzeigen!


**Aufgabe 4.4**
Aus AUFPOSKD.DBF sind die beiden Tabellen-Dateien AUFTRAG.DBF und AUFPOS.DBF
durch geeignete Veränderung der Satz-Struktur einzurichten! Dabei soll AUFTRAG.DBF die
Tabellenspalten AUFNR, DATUM, TERMIN und KDNR und AUFPOS.DBF die Tabellenspalten AUFNR, POSNR, TEILENR und TEILEANZ enthalten.

# 5 Arbeitsbereich und Datenausgabe

## 5.1 Arbeitsbereiche und ihre Adressierung (SELECT)

### Einstellung des aktuellen Arbeitsbereichs

Jede Tabellen-Datei, deren Datensätze bearbeitet werden sollen, muß in einem *Arbeitsbereich als Satzpuffer* innerhalb des Hauptspeichers *angemeldet* sein:

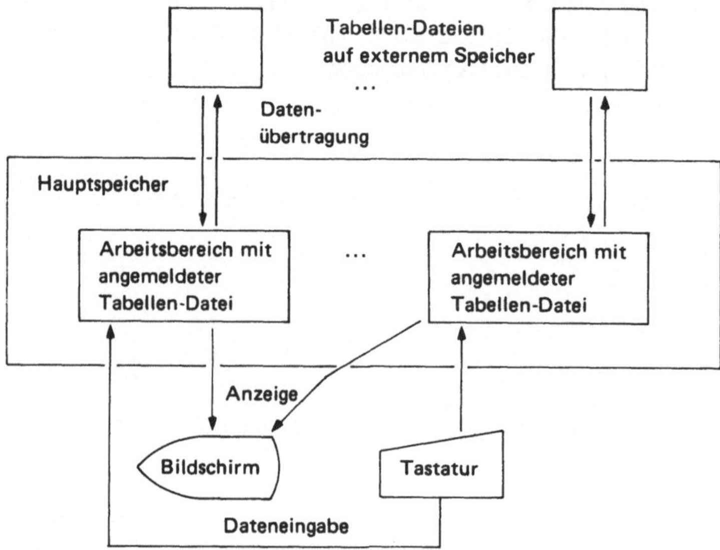


Es können bis zu *maximal 10* Arbeitsbereiche gleichzeitig bereitgehalten werden. Diese Arbeitsbereiche sind mit den Nummern *1 bis 10* durchnumeriert. Anforderungen, die wir z.B. durch die Befehle APPEND, DISPLAY und COPY formulieren, beziehen sich stets auf diejenige Tabellen-Datei, die im aktuellen Arbeitsbereich angemeldet ist.

Der jeweils aktuelle Arbeitsbereich wird durch den *SELECT*-Befehl in der Form

```
SELECT nummer
```

eingestellt. Alle nachfolgenden Befehle bis zum nächsten SELECT-Befehl beziehen sich dann auf diesen Arbeitsbereich. Nach dem Start des dBASE-Systems ist stets der Arbeitsbereich mit der Nummer 1 als aktueller Arbeitsbereich eingestellt.

Jeder USE-Befehl meldet die innerhalb des Befehls aufgeführte Tabellen-Datei in dem (durch den SELECT-Befehl eingestellten) aktuellen Arbeitsbereich an.

So führt z.B. die Befehlsfolge

```
. SELECT 2
. USE UMSATZ
. SELECT 1
. USE VRTRTR
```

zur Anmeldung der Tabellen-Datei UMSATZ im Arbeitsbereich 2 und von VRTRTR im Arbeitsbereich 1, der durch den zweiten SELECT-Befehl für die nachfolgenden Befehle zum aktuellen Arbeitsbereich erklärt wird. Anschließend können wir - je nach Bedarf - durch die Eingabe eines SELECT-Befehls von einem auf den anderen Arbeitsbereich umschalten.


## Adressierung von Arbeitsbereichen durch Aliasnamen

Anstelle der Nummern von 1 bis 10 dürfen auch die diesen Arbeitsbereichen standardmäßig zugeordneten Namen A bis J - man nennt sie <u>Aliasnamen</u> - verwendet werden, so daß wir anstelle der oben angegebenen Befehle auch

```
. SELECT B
. USE UMSATZ
. SELECT A
. USE VRTRTR
```

schreiben dürfen.

Neben den Aliasnamen A bis J darf auch der Name "tabellen-dateiname", den wir beim *USE*-Befehl

```
USE tabellen-dateiname
```

zur Anmeldung der Tabellen-Datei angegeben haben, als Aliasname zur Bezeichnung des Arbeitsbereichs verwendet werden.

So ist z.B. durch die Befehlsfolge

```
. SELECT 2
. USE UMSATZ
. SELECT A
. USE VRTRTR
. SELECT UMSATZ

   }←── Befehle zur Bearbeitung der Tabellen-Datei UMSATZ.DBF

. SELECT VRTRTR

   }←── Befehle zur Bearbeitung der Tabellen-Datei VRTRTR.DBF
```

der Arbeitsbereich 1 neben dem Standardnamen A auch über den Aliasnamen VRTRTR und der Arbeitsbereich 2 neben dem Standardnamen B auch über den Aliasnamen UMSATZ ansprechbar.

Eine weitere Möglichkeit zur Verabredung von Aliasnamen für Arbeitsbereiche besteht darin, daß wir einen selbst gewählten Aliasnamen innerhalb des USE-Befehls in der Form

```
USE tabellen-dateiname ALIAS aliasname
```

bei der Anmeldung einer Tabellen-Datei angeben, z.B. den Aliasnamen UMS durch den Befehl:

```
. USE UMSATZ ALIAS UMS
```

Dieser ·Arbeitsbereich, in dem die Tabellen-Datei UMSATZ angemeldet ist, kann zu einem späteren Zeitpunkt durch den Befehl

```
. SELECT UMS
```

wieder als aktueller Arbeitsbereich eingestellt werden.

Wir fassen die angegebenen Möglichkeiten zur Bestimmung des aktuellen Arbeitsbereichs durch die folgende Syntax-Darstellung des *SELECT*-Befehls zusammen:

```
SELECT { nummer-von-1-bis-10 | aliasname }
```

Dabei beschreiben die durch "{" und "}" eingeklammerten und durch "|" voneinander abgegrenzten Sprachelemente die Alternativen, von denen jeweils eine innerhalb eines SELECT-Befehls auszuwählen ist.

## Zugriff auf Felder des Arbeitsbereichs

Alle Felder des aktuell eingestellten Arbeitsbereichs lassen sich durch ihren bei der Einrichtung der Tabellen-Datei vereinbarten Feldnamen adressieren. Auf die Feldinhalte weiterer Arbeitsbereiche kann ebenfalls zugegriffen werden, auch wenn sie nicht als aktuelle Arbeitsbereiche eingestellt sind. Dazu ist der Feldname durch einen *Aliasnamen* in der Form

```
aliasname -> feldname
```

einzuleiten. Dabei besteht der Pfeil "->" aus den beiden Zeichen "-" und ">", die *ohne* Zwischenraum aufeinanderfolgen müssen.

So können wir etwa durch die Befehle

```
. SELECT 2
. USE UMSATZ ALIAS UMS
. SELECT 1
. USE ARTIKEL
```

die Tabellen-Dateien ARTIKEL.DBF und UMSATZ.DBF (mit dem Aliasnamen UMS) im Arbeitsbereich 1 bzw. 2 anmelden und anschließend durch den DISPLAY-Befehl

```
. DISPLAY A_NR, UMS -> A_NR
```

die Artikelnummer des 1. Artikelsatzes (A_NR) und die Artikelnummer des 1. Umsatzdatensatzes (UMS -> A_NR) am Bildschirm anzeigen lassen.

Mit Hilfe von Aliasnamen lassen sich in wiederholt auszuführenden Befehlsfolgen, die in Befehls- bzw. Prozedur-Dateien (siehe Kapitel 11) abgespeichert sind, Tabellen-Dateien adressieren, deren Dateiname nicht vorab bekannt ist. Wir müssen somit lediglich der Tabellen-Datei bei der Anmeldung im Arbeitsbereich den innerhalb der Befehlsfolge verwendeten Aliasnamen zuweisen.

## Abmeldung aus einem Arbeitsbereich

Grundsätzlich wird eine Tabellen-Datei dann von der Verarbeitung <u>abgemeldet</u>, wenn eine andere Tabellen-Datei in dem ihr zugeordneten Arbeitsbereich neu angemeldet wird.

Wollen wir eine Tabellen-Datei aus einem Arbeitsbereich abmelden <u>ohne</u> gleichzeitig eine andere Tabellen-Datei in diesem Arbeitsbereich anzumelden, so müssen wir den Befehl *USE* in der Form

```
USE
```

angeben. Dies ist z.B. erforderlich, wenn auf eine weitere Tabellen-Datei zugegriffen werden soll und dadurch die Maximalzahl 14 der gleichzeitig vom dBASE-System verwaltbaren Dateien (Tabellen-Dateien und zusätzliche Hilfs-Dateien wie z.B. Index- und Format-Dateien, siehe unten) überschritten wird.

Sollen alle innerhalb von Arbeitsbereichen angemeldeten Tabellen-Dateien gleichzeitig abgemeldet werden, so müssen wir den *CLOSE DATABASES*-Befehl in der Form

```
CLOSE DATABASES
```

eingeben.

## Anzeige der Arbeitsbereiche

Der aktuelle Arbeitsbereich läßt sich jederzeit mit Hilfe des SELECT-Befehls wechseln. Wird dabei ein Arbeitsbereich, über den bereits eine Tabellen-Datei bearbeitet wurde, erneut angesprochen, so befindet sich der zugehörige Satzpuffer in dem Zustand, in dem er bei seiner Deaktivierung verlassen wurde.

Mit Hilfe des *DISPLAY STATUS*-Befehls in der Form

```
DISPLAY STATUS [ TO PRINT ]
```

können wir uns einen Überblick darüber verschaffen, welche Tabellen-Dateien in welchen Arbeitsbereichen unter welchen Aliasnamen angemeldet sind und welcher Arbeitsbereich gerade als aktueller Arbeitsbereich eingestellt ist. Mit der Angabe "TO PRINT" erfolgt die Ausgabe nicht nur auf den Bildschirm, sondern zusätzlich auch auf einen angeschlossenen Drucker.

Z.B. ergibt sich nach der Anmeldung der Tabellen-Dateien UMSATZ.DBF und VRTRTR.DBF durch die Befehle

```
. SELECT 2
. USE UMSATZ
. SELECT 1
. USE VRTRTR
```

nach der Eingabe von

```
. DISPLAY STATUS
```

die folgende Bildschirmausgabe:

```
Aktuell selektierte Datenbank
Arbeitsbereich: 1, Datenbank eröffnet: A:VRTRTR.dbf Alias: VRTRTR

Arbeitsbereich: 2, Datenbank eröffnet: A:UMSATZ.dbf Alias: UMSATZ

Datei-Suchpfad:
Aktuelles Laufwerk    : A:
Ziel für Druckausgabe: PRN:
Rand =      0
Aktueller Arbeitsbereich =    1 Begrenzungszeichen sind <' und '>'
```

## 5.2 Positionierung in einer Tabellen-Datei (GO, SKIP, LOCATE, CONTINUE)

Bei der Anmeldung einer Tabellen-Datei im aktuellen Arbeitsbereich wird stets der erste Datensatz der Tabellen-Datei im Satzpuffer bereitgestellt. Ist nicht dieser erste, sondern ein anderer Satz zu verarbeiten, so muß der angeforderte Satz zunächst aus der Tabellen-Datei in den Satzpuffer übertragen werden:

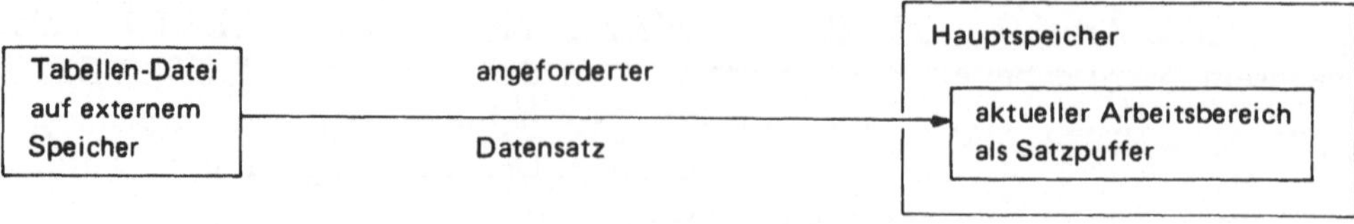

Beim Zugriff auf eine Tabellen-Datei läßt sich die *Satznummer* als Zugriffsschlüssel für den *direkten* Zugriff auf einzelne Datensätze einsetzen. Dabei wird durch die Satznummer die Position angegeben, an welcher der Satz innerhalb der Tabellen-Datei abgespeichert ist. Der erste Satz hat die Satznummer 1, der zweite Satz die Satznummer 2 usw. Ist die Satznummer des gewünschten Satzes nicht bekannt, so kann auf den Satz über die Angabe einer Bedingung zugegriffen werden, die vom Satzinhalt dieses Satzes erfüllt wird. In diesem Fall werden die Sätze solange *sequentiell*, d.h. der Reihenfolge ihrer Abspeicherung nach, in den Satzpuffer der Tabellen-Datei übertragen, bis der durch die Bedingung spezifizierte Satz eingelesen wurde.

Für den Direktzugriff über die Satznummer bzw. den durch einen sequentiellen Suchprozeß bestimmten Zugriff über eine Bedingung lassen sich die folgenden Befehle einsetzen:

| Übertragungs-Befehl | der Satzpuffer enthält den |
|---|---|
| GO BOTTOM | letzten Satz |
| GO TOP | ersten Satz |
| [GO [ RECORD ]] satznummer | Satz mit der Nummer "satznummer" |
| SKIP [ ( + \| - ) satzzahl] | um "satzzahl" Sätze folgenden (bei "+") bzw. (bei "-") vorausgehenden Datensatz |
| LOCATE FOR bedingung | Satz, der durch die Bedingung spezifiziert wird |
| CONTINUE | Satz, der unmittelbar hinter dem zuvor (durch Locate gefundenen) im Satzpuffer enthaltenen Satz abgespeichert ist |

Durch den *LOCATE*-Befehl wird derjenige Satz in den aktuellen Satzpuffer übertragen, der (in der vorliegenden Reihenfolge der Sätze innerhalb der Tabellen-Datei) als *erster* (vom Beginn der Datei an) die hinter dem Wort "FOR" angegebene Bedingung erfüllt. Gibt es einen derartigen Satz, so können alle weiteren Sätze, die ebenfalls diese Bedingung erfüllen, durch den Einsatz des *CONTINUE*-Befehls nacheinander in den aktuellen Satzpuffer transportiert und verarbeitet werden.

Soll die Suche *nicht* vom Dateianfang aus begonnen werden, so ist der *LOCATE*-Befehl in der Form

```
LOCATE ( NEXT anzahl | REST ) FOR bedingung
```

einzusetzen. Bei der Angabe von "NEXT anzahl" wird die Suche mit dem aktuellen Satz begonnen und für die nächsten durch "anzahl" festgelegten, nachfolgenden Sätze fortgesetzt. Wird "REST" aufgeführt, so wird die Suche vom aktuellen Satz aus bis zum letzten in der Tabellen-Datei vorhandenen Satz durchgeführt.

Hinweis:

Diese sequentielle Suche innerhalb des Datenbestands ist sehr langsam. Deshalb sollten Tabellen-Dateien indiziert werden, so daß der SEEK-Befehl für den Direktzugriff eingesetzt werden kann (siehe Kapitel 8).

Ist bei der Ausführung eines der oben angegebenen Übertragungsbefehle der gesuchte Datensatz nicht in der Tabellen-Datei enthalten, so ist der Inhalt des Satzpuffers undefiniert. Dies ist z.B. der Fall, wenn das Dateiende erreicht wird, was wir durch den Aufruf der Funktion EOF feststellen können (siehe unten).


# 5.3 Bedingungen und Funktionsaufrufe


## Bedingungen

Als Bedingung innerhalb des LOCATE-Befehls (und aller nachfolgend dargestellten Befehle, für welche die Angabe einer Bedingung erforderlich bzw. zulässig ist) darf eine *Vergleichsbedingung* wie z.B.

```
V_NR = 8413 (V_NR enthält den Wert 8413)
```

oder

```
"Meyer" $ V_NAME (die Zeichenfolge "Meyer" ist
                        Bestandteil der im Feld V_NAME
                        enthaltenen Zeichenfolge)
```

oder

```
V_KONTO > 1000 (der in V_KONTO enthaltene Wert
                        ist größer als 1000)
```

aufgeführt sein. Trifft eine Bedingung zu, so hat sie den Wahrheitswert ".T." (für "true"). Ist sie nicht erfüllt, so besitzt sie den Wahrheitswert ".F." (für "false"). Bei der Datenausgabe bzw. bei der Verwendung als Konstante werden die Wahrheitswerte mit Punkten eingegrenzt, während bei der Speicherung dieser logischen Werte auf die Ablage der Punkte verzichtet wird (siehe Abschnitt 4.1).

Generell dürfen *arithmetische* Ausdrücke über die Operatoren "<" (kleiner), ">" (größer), "=" (gleich), "<>" bzw. "#" (ungleich), "<=" (kleiner gleich) und ">=" (größer gleich) verglichen werden.

Ein *arithmetischer* Ausdruck besteht aus einer Folge von Operanden (Feldern oder Konstanten), die durch die numerischen Operatoren "+" (Addition), "-" (Subtraktion), "*" (Multiplikation), "/" (Division) und "**" (Potenzierung) - gegebenenfalls unter Einsatz einer durch "(" und ")" vorgenommenen Klammerung - verknüpft sind.

Bei der *Auswertung* eines arithmetischen Ausdrucks hat die Potenzierung die höchste Priorität. Es folgen die multiplikativen Operatoren "*" und "/" und anschließend die additiven Operatoren "+" und "-". Bei gleicher Priorität wird von "links nach rechts" ausgewertet, und Klammern werden von innen nach außen aufgelöst.

So legt etwa der arithmetische Ausdruck

```
V_KONTO + UMSATZ -> A_STUECK * ARTIKEL -> A_PREIS * V_PROV
```

fest, daß der Feldinhalt von A_STUECK (aus dem durch den Aliasnamen UMSATZ gekennzeichneten Arbeitsbereich) mit dem Feldinhalt von A_PREIS (aus dem durch den Aliasnamen ARTIKEL gekennzeichneten Arbeitsbereich) zu multiplizieren ist. Das Resultat dieser Operation ist anschließend mit dem Feldinhalt von V_PROV zu multiplizieren, und mit diesem Ergebnis ist der Feldinhalt von V_KONTO zu summieren.

Auch *alphanumerische Ausdrücke* dürfen über die Vergleichsoperatoren (gemäß der lexikographischen Sortierfolgeordnung, d.h. der "Telefonbuchordnung") oder über den *Inklusionsoperator* "$" miteinander verglichen werden, wobei ein alphanumerischer Ausdruck entweder ein alphanumerisches Feld oder eine (durch Hochkommata eingeschlossene) Zeichenkonstante ist oder sich als Aneinanderreihung durch den Verkettungsoperator "+" bzw. "-" ergibt.

Durch den *Operator* "+" lassen sich die Werte zweier alphanumerischer Ausdrücke zu einer Zeichenfolge aneinanderreihen. Dies gilt gleichfalls beim Einsatz des *Operators* "-", jedoch werden in diesem Fall die innerhalb der resultierenden Zeichenfolge enthaltenen Leerzeichen an das Ende dieser Zeichenfolge verschoben.

Sofern z.B. das Feld V_NAME den aktuellen Wert "Meyer, Emil    " enthält, ergibt die Operation

```
"Name : " + V_NAME
```

den Wert "Name : Meyer, Emil    " und die Operation

```
"Name : " - V_NAME
```

liefert den Wert "Name:Meyer,Emil        " (am Ende der Zeichenfolge sind 2 Leerzeichen mehr enthalten!).

Bei der Abfrage auf Gleichheit ist zu berücksichtigen, daß z.B. der Vergleich

```
"Meyer, Emil" = "Meyer"
```

zutrifft und zum logischen Ergebniswert ".T." führt. Es wird nämlich
überprüft, ob der rechte Operand *identisch* vom Beginn an innerhalb des linken
Operanden enthalten ist. Soll dagegen auf *exakte* Übereinstimmung (die
Operanden müssen auch gleichlang sein!) verglichen werden, so ist zuvor der
*SET EXACT*-Befehl

```
SET EXACT ON
```

einzugeben.

Durch den Einsatz der *logischen* Operatoren .AND. (logisches Und), .OR.
(logisches Oder) und .NOT. (Verneinung) können Bedingungen miteinander
verknüpft werden, z.B. in der Form:

```
V_PROV = 0.05 .AND. V_KONTO > 1000
```

Diese Bedingung trifft für diejenigen Datensätze der Tabellen-Datei VRTRTR
zu, für die das Datenfeld V_PROV den Wert 0.05 und zugleich das Feld
V_KONTO einen Wert enthält, der größer als die Zahl 1000 ist.


## Funktionsaufrufe

Als Operanden innerhalb von numerischen oder alphanumerischen Ausdrücken
dürfen auch *Funktionsaufrufe* der Form

```
funktionsname ( [ argument-1 [ , argument-2 ]... ] )
```

eingesetzt werden.

Hinweis:

Eine Liste der innerhalb des dBASE-Systems möglichen Funktionsaufrufe ist im Anhang A.5
angegeben.

Z.B. ergibt der Aufruf der Funktion UPPER in der Form

```
UPPER( V_NAME )
```

den Wert "MEYER, EMIL      ", sofern der aktuelle Wert des Felds V_NAME
gleich "Meyer, Emil      " ist, da die Funktion UPPER Kleinbuchstaben in
Großbuchstaben umwandelt.

Funktionsaufrufe dürfen auch *geschachtelt* sein wie z.B.:

```
TRIM( UPPER( V_NAME ) )
```

Das Ergebnis ist "MEYER, EMIL", da die TRIM-Funktion die Leerzeichen am
Ende der Zeichenkette unterdrückt.

Besondere Funktionen stellen die *logischen* Funktionen - wie etwa  EOF - dar,
deren Aufruf einen Wahrheitswert als Ergebnis liefert. Dabei ergibt der
Funktionsaufruf

```
EOF()
```

den Wert ".T.", falls das *Dateiende* für die im aktuellen Arbeitsbereich angemeldete Tabellen-Datei erreicht ist, andernfalls den Wert ".F.".

Zur Anzeige des Funktionswerts können wir den *Fragezeichen*-Befehl (kurz: ?-Befehl) in der Form

```
? { feldname-1 | ausdruck-1 } [{ feldname-2 | ausdruck-2 }]...
```

einsetzen. Es lassen sich ein oder mehrere Ausdrücke aufführen. Bei der Angabe von Feldnamen bzw. von durch Aliasnamen gekennzeichneten Feldern wird nicht deren Name, sondern der Inhalt der Felder auf dem Bildschirm protokolliert.

Ist z.B. bei einem LOCATE-Befehl die aufgeführte Bedingung für den aktuell im Satzpuffer enthaltenen Satz und für alle in der Tabellen-Datei dahinter abgespeicherten Datensätze *nicht* erfüllt, so können wir diesen Sachverhalt mit Hilfe des Funktionsaufrufs "EOF()" ermitteln und durch den ?-Befehl

```
. ?EOF()
```

den Wert ".T." ausgeben lassen. Da bei der Ausführung des LOCATE-Befehls die Sätze nacheinander in den aktuellen Satzpuffer übertragen und jeweils die Gültigkeit der aufgeführten Bedingung überprüft wird, enthält letztendlich der Satzpuffer den letzten Datensatz der Datei, und die Übertragung eines nächsten Datensatzes ist nicht mehr möglich - das Dateiende ist erreicht. Diese Situation wird dadurch gekennzeichnet, daß der Aufruf "EOF()" den Wahrheitswert ".T." annimmt. Wir setzen die EOF-Funktion immer dann ein, wenn mehrere Befehle nacheinander ausgeführt werden sollen und die angeforderten Tätigkeiten nur dann sinnvoll sind, wenn das Dateiende der Tabellen-Datei noch nicht erreicht ist (vgl. z.B. Abschnitt 12.5).

## 5.4 Datenausgabe (DISPLAY, LIST, COPY)

### Der DISPLAY-Befehl

Zur Bildschirm- oder Druck-Ausgabe aller bzw. ausgewählter Datensätze einer Tabellen-Datei können wir den *DISPLAY*-Befehl in der Form

```
DISPLAY [ OFF ] [ bereich ] [ feldname-1 [ , feldname-2 ]... ]
        [ WHILE bedingung-1 ] [ FOR bedingung-2 ] [ TO PRINT ]
```

verwenden. Die Ausführung dieses Befehls - ohne Zusatzangaben - in der Form

```
DISPLAY
```

bewirkt, daß der gesamte Inhalt des aktuellen Satzpuffers auf dem Bildschirm ausgegeben wird. Neben den Datenfeldnamen als erläuternde Überschrift wird auch die Satznummer protokolliert. Ist bei der Angabe des DISPLAY-Befehls bereits das Dateiende erreicht (die Bedingung "EOF()" ist erfüllt), so wird nur die Überschrift mit den Feldnamen angezeigt. Soll die Ausgabe einer Überschrift unterdrückt werden, so ist zuvor der *SET HEADING*-Befehl

```
SET HEADING OFF
```

einzugeben. Wollen wir nicht alle, sondern nur die Werte *ausgewählter* Datenfelder am Bildschirm protokollieren lassen, so müssen wir die gewünschten Feldnamen hinter dem Wort "DISPLAY" aufführen.

Ist etwa die Tabellen-Datei VRTRTR im aktuellen Arbeitsbereich angemeldet, so wird durch

```
. DISPLAY V_NR, V_KONTO
```

die Vertreterkennzahl und der Kontostand aus dem im Satzpuffer enthaltenen Satz am Bildschirm angezeigt.

Wollen wir nicht den aktuell im Satzpuffer enthaltenen Satz, sondern einen anderen bzw. eine Auswahl von Sätzen oder sogar alle Sätze ausgeben lassen, so müssen wir eine geeignete Bereichsangabe - vor den aufgeführten Feldnamen - innerhalb des DISPLAY-Befehls machen oder eine durch "FOR" oder "WHILE" eingeleitete Bedingung spezifizieren.


**Bereichsangaben**

Generell werden wir fortan durch die Angabe des *Platzhalters "bereich"* innerhalb einer Syntax-Darstellung entweder einen konkreten Datensatz in der Form

```
RECORD satznummer
```

oder eine Gruppe von Sätzen, die dem aktuell im Puffer enthaltenen Satz (einschließlich des aktuellen Satzes) folgt, in der Form

```
NEXT anzahl
```

bzw. sämtliche auf den aktuellen Satz folgenden Sätze (einschließlich des aktuellen Satzes) in der Form

```
REST
```

oder aber alle Sätze durch die Angabe von

```
ALL
```

kennzeichnen. Ist das Schlüsselwort FOR mit nachfolgender Bedingung angegeben, so werden alle Sätze - beginnend mit dem ersten Satz der Tabellen-Datei - bearbeitet, für welche die angegebene Bedingung zutrifft. Dagegen wird bei der Angabe des Schlüsselworts *WHILE* die Ausgabe nur für alle diejenigen Sätze vorgenommen, welche die angegebene Bedingung *ohne Unterbrechung* mit Beginn des aktuell im Satzpuffer enthaltenen Satzes erfüllen. Falls sowohl eine FOR- als auch eine WHILE-Bedingung aufgeführt ist, hat die WHILE-Bedingung *Vorrang* vor der FOR-Bedingung.

Somit ergibt sich etwa für die im aktuellen Arbeitsbereich angemeldete Tabellen-Datei UMSATZ:

```
. USE UMSATZ
. DISPLAY V_NR, A_STUECK FOR A_NR = 11
Satznummer  V_NR  A_STUECK
     3      8413      70
     4      1215      20
     9      8413      20

. DISPLAY V_NR, A_STUECK WHILE A_NR = 11
Satznummer  V_NR  A_STUECK
                        ◄— Dateiende ist erreicht
. GO TOP
. DISPLAY NEXT 3 V_NR, A_STUECK
Satznummer  V_NR A_STUECK
     1      8413      40
     2      5016      10
     3      8413      70

. DISPLAY V_NR, A_STUECK WHILE A_NR = 11
Satznummer  V_NR  A_STUECK
     3      8413      70  ◄— der 3. Satz ist noch im Satzpuffer enthalten
     4      1215      20
. DISPLAY
Satznummer  V_NR A_NR A_STUECK DATUM
     5      5016   22       35 25.06.88
```

## Druckausgabe

Wollen wir die Bildschirmausgabe auf einen angeschlossenen Drucker leiten, so müssen wir die Schlüsselwörter "TO PRINT" innerhalb des DISPLAY-Befehls aufführen.

Kann bei der Ausgabe auf die jeden Datensatz einleitende Satznummer *verzichtet* werden, so ist das Schlüsselwort *OFF* hinter DISPLAY anzufügen, so daß z.B. durch

```
. DISPLAY OFF ALL TO PRINT
```

alle Datensatzinhalte - *ohne* einleitende Satznummer - auf dem Drucker ausgegeben werden.

## Ausgabe von Memo-Feldinhalten

Sollen Inhalte von Memo-Feldern auf dem Bildschirm oder auf einen Drucker ausgegeben werden, so ist der Name des Memo-Felds im DISPLAY-Befehl anzugeben. Standardmäßig sind 50 Zeichenpositionen pro Zeile für die Textausgabe reserviert. Diese Voreinstellung kann durch den *SET MEMOWIDTH TO*-Befehl in der Form

```
SET MEMOWIDTH TO ganzzahl
```

geeignet verändert werden. Dabei muß die hinter dem Schlüsselwort TO angegebene ganze Zahl kleiner oder gleich 254 sein.

## Der LIST-Befehl

Sind mehr als 19 Bildschirmzeilen für die Ausgabe der Datensätze einer Tabellen-Datei erforderlich, so werden die Sätze bei der Ausführung des DISPLAY-Befehls in Blöcken von jeweils 19 Zeilen am Bildschirm angezeigt. Nach der Ausgabe eines Blocks muß die Ausgabe des nächsten Blocks durch die Eingabe eines (beliebigen) Zeichens angefordert werden. Zum Abbruch der Datenausgabe ist die Escape-Taste zu betätigen. Anders ist dies beim Einsatz des LIST-Befehls in der Form

```
LIST [ OFF ] [ bereich ] [ feldname-1 [ , feldname-2 ]... ]
     [ WHILE bedingung-1 ] [ FOR bedingung-2 ] [ TO PRINT ]
```

wodurch die Sätze - ohne Unterbrechung - *fortlaufend* am Bildschirm angezeigt werden. Im Gegensatz zum DISPLAY-Befehl wird nämlich durch den Aufruf von

```
LIST
```

nicht der Inhalt des aktuellen Satzpuffers, sondern - entsprechend der Leistung von "DISPLAY ALL" - der gesamte Inhalt der Tabellen-Datei ausgegeben.

## Der COPY TO-Befehl

Sollen Datensätze nicht auf den Bildschirm oder Drucker, sondern in eine Text-Datei übertragen werden, so läßt sich der *COPY TO*-Befehl in der Form

```
COPY TO text-dateiname [bereich]
     [ FIELDS feldname-1 [,feldname-2 ]...]
     [ WHILE bedingung-1 ] [ FOR bedingung-2 ] TYPE SDF
```

einsetzen (vgl. die Angaben im Abschnitt 4.5). Dadurch werden die durch die Bereichsangabe bzw. durch die Bedingung gekennzeichneten Datensätze in eine Text-Datei übertragen, welche die Struktur der im aktuellen Arbeitsbereich angemeldeten Tabellen-Datei übernimmt. Wollen wir die Struktur bei der

Übertragung verändern, so müssen wir die einzurichtenden Datenfelder durch ihre Namen hinter dem Schlüsselwort *FIELDS* innerhalb des COPY TO-Befehls spezifizieren.

## Ausgabe auf Drucker und in Protokoll-Dateien

Die eingegebenen dBASE-Befehle und die durch sie angeforderten Ausgaben werden standardmäßig auf dem Bildschirm angezeigt. Zur Druckausgabe ist der *SET PRINT*-Befehl in der Form

```
SET PRINT ( ON | OFF )
```

zu verwenden. Bei eingeschalteter Druckausgabe (ON) werden die über die Tastatur eingegebenen Befehle und die dadurch angeforderten Ausgaben auf einem angeschlossenen Drucker protokolliert. Durch den Einsatz des *SET PRINT*-Befehls mit dem Schlüsselwort *OFF* in der Form

```
SET PRINT OFF
```

läßt sich die Druckausgabe wieder *abschalten*.

Hinweis:

Dies gilt nicht für die menü-orientierten Befehle wie etwa APPEND, EDIT, INSERT und @ (siehe Kapitel 6).

Wollen wir die Bildschirm- bzw. Druckausgabe für eine nachfolgende Anwendung sichern, so können wir dazu den *SET ALTERNATE TO*-Befehl in der Form

```
SET ALTERNATE TO text-dateiname
```

eingeben. Dadurch wird eine Text-Datei als *Protokoll-Datei* eingerichtet, in die alle Bildschirm- und Druckausgaben übertragen werden können. Ohne Angabe einer Namensergänzung im Dateinamen wird automatisch die Ergänzung "TXT" an den Grundnamen angefügt.

Hinweis:

Dies gilt nicht für die menü-orientierten Befehle wie etwa APPEND, EDIT, INSERT und @ (siehe Kapitel 6).

Nachdem die Protokoll-Datei durch den SET ALTERNATE TO-Befehl festgelegt ist, läßt sich die Ausgabe in diese Datei durch den *SET ALTERNATE*-Befehl mit dem Schlüsselwort *ON* in der Form

```
SET ALTERNATE ON
```

einschalten. Anschließend werden alle durch dBASE-Befehle angeforderten Bildschirm- bzw. Druckausgaben in diese Datei eingetragen. Diese Ausgabe erfolgt solange, bis wir die Protokoll-Datei durch den *CLOSE ALTERNATE*-Befehl in der Form

```
CLOSE ALTERNATE
```

von der Verarbeitung abmelden. Nach dem Dialogende, d.h. nach der Ausführung des QUIT-Befehls, läßt sich die Protokoll-Datei unter MS-DOS z.B. mit dem Kommando PRINT auf einen Drucker ausgeben bzw. mit einem Editierprogramm bearbeiten.

Soll die Protokollausgabe während des Dialogs zunächst *unterbrochen* (OFF) und anschließend wieder aufgenommen werden (ON), so können wir dazu den *SET ALTERNATE*-Befehl in der Form

```
SET ALTERNATE( ON | OFF )
```

verwenden.

Nicht nur am Dialogende, sondern auch schon während des Dialogs läßt sich der Inhalt einer durch den CLOSE ALTERNATE-Befehl abgemeldeten Protokoll-Datei auf den Drucker oder auf den Bildschirm ausgeben. Dazu müssen wir den *TYPE*-Befehl in der Form

```
TYPE text-dateiname [ TO PRINT ]
```

einsetzen. Der im TYPE-Befehl aufgeführte Dateiname muß den Grundnamen und die zuvor (bei der Einrichtung der Protokoll-Datei) gewählte Namensergänzung (standardmäßig ist dies "TXT") enthalten.


# 5.5 Ausgabe von Etiketten


## Aufbau einer Label-Datei

Mit dem DISPLAY- und dem LIST-Befehl können die Inhalte eines Datensatzes nur nebeneinander bzw. - bei zu vielen Datenfeldern - in mehreren Zeilen untereinander ausgegeben werden, wobei unter Umständen mitten in einem Datenfeld ein Zeilenwechsel stattfindet. Wollen wir Datenfeldinhalte in mehreren Zeilen ausgeben, wobei die Plazierung der einzelnen Felder von uns vorgegeben werden soll, so können wir dazu die Befehle CREATE LABEL und LABEL FORM einsetzen. Dies ist z.B. erforderlich für die Ausgabe von Adreßaufklebern. Zur Unterscheidung von der standardmäßigen Ausgabe beim DISPLAY-Befehl sprechen wir von *LABELs* (Etiketten), die jeweils den Inhalt eines oder mehrerer Datenfelder aufnehmen.

Zur Vorbereitung der Datenausgabe müssen wir zunächst die Länge und Anordnung der LABELs beschreiben und dazu eine *Label-Datei* mit Hilfe des Befehls *CREATE LABEL* in der Form

```
CREATE LABEL label-dateiname
```

aufbauen. Dazu muß diejenige Tabellen-Datei im aktuellen Arbeitsbereich *angemeldet* sein, für welche die Etiketten zur Datenfeldausgabe in einer Label-Datei eingerichtet werden sollen.

Nachdem wir den Befehl CREATE LABEL in der Form

```
. CREATE LABEL VRTRTR
```

eingegeben haben, wird auf dem Bildschirm die Menü-Zeile

**Auswahl**                          Inhalt                          Ende  15:45:37

angezeigt. Diese Zeile weist darauf hin, daß zur Eingabe unserer
Anforderungen die Menüs "Auswahl", "Inhalt" und "Ende" zur Verfügung
stehen. Die gewünschte Struktur der LABELs-Ausgabe ist in das <u>Auswahl-
Menü</u> einzutragen. Dabei wird das folgende Layout zugrundegelegt, bei dem
die jeweils zulässigen Grenzwerte in Klammern eingetragen sind:

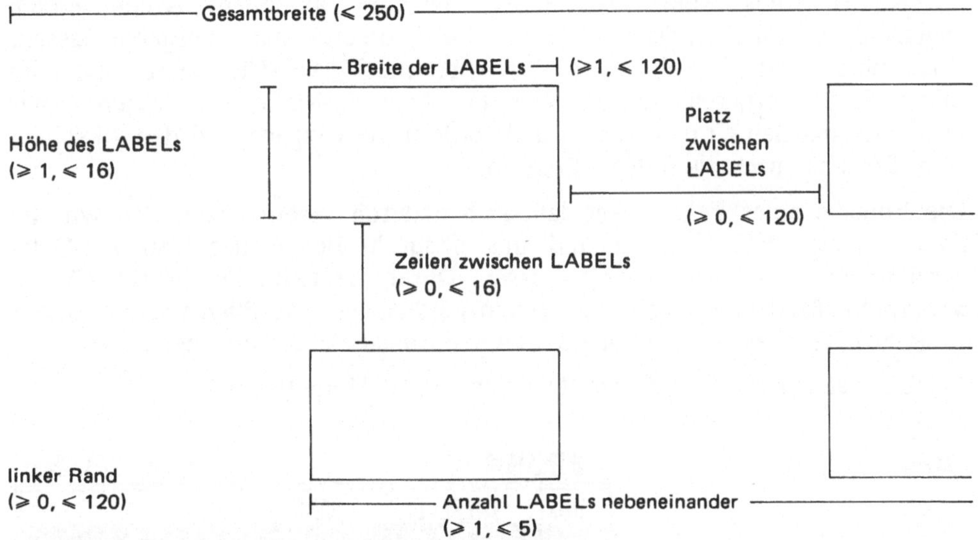


Wollen wir z.B. für die Ausgabe der Adressen aus der Tabellen-Datei
VRTRTR.DBF jeweils zwei Adressen nebeneinander plazieren, die (auf dem
Bildschirm) horizontal durch 10 Zeichenpositionen und vertikal jeweils durch 5
Zeilen voneinander getrennt sind und aus jeweils 2 Zeilen (für Name und
Anschrift) mit jeweils 30 Zeichenpositionen bestehen, so tragen wir die Werte
30, 2, 0, 5, 10 und 2 mit Beginn des 2. Eingabefelds in das Auswahl-Menü ein.
Dazu positionieren wir den Cursor mit den Cursor-Tasten auf das jeweilige
Eingabefeld und betätigen die *Return-Taste* (unbedingt erforderlich!). Dadurch
teilen wir mit, daß Daten eingegeben werden sollen. Das Ende der
Dateneingabe zeigen wir ebenfalls durch die Return-Taste an.

Nach unserer Dateneingabe wird das Layout durch die folgenden Angaben
bestimmt:

```
┌──────────────────────────────────────────────────────────┐
│  Größe definieren:          88,9 x 23,0 x 1                │
├──────────────────────────────────────────────────────────┤
│  Breite des LABELs:          30                            │
│  Höhe des LABELs:             2                            │
│  Linker Rand:                 0                            │
│  Zeilen zwischen LABELs:      5                            │
│  Platz zwischen LABELs:      10                            │
│  LABELs nebeneinander:        2                            │
└──────────────────────────────────────────────────────────┘
```

Um die Inhalte für die Etiketten-Bereiche festzulegen, drücken wir
anschließend die Taste *Cursor-Rechts*, woraufhin das *Inhalt-Menü* auf dem
Bildschirm angezeigt wird.

Wie oben angegeben, wollen wir die Feldinhalte von V_NAME und
V_ANSCH (dies sind Datenfelder der im aktuellen Arbeitsbereich
angemeldeten Tabellen-Datei VRTRTR.DBF) untereinander ausgeben lassen.
Dazu müssen wir die Feldnamen V_NAME und V_ANSCH untereinander im
Inhalt-Menü eintragen. Genau wie im Auswahl-Menü positionieren wir
wiederum mit den Cursor-Tasten und fordern die Eingabe und den Abschluß
einer Eingabe durch die Return-Taste an.

Die Eingabe eines Feldnamens läßt sich dadurch vereinfachen, daß wir die
*Funktionstaste F10* drücken und uns dadurch die in der Tabellen-Datei
vereinbarten Feldnamen anzeigen lassen. Durch die Taste *Cursor-Tief* können
wir anschließend den jeweils benötigten Feldnamen auswählen und ihn durch
die Return-Taste automatisch in das aktuelle Eingabefeld übertragen lassen.

Als Resultat unserer Eingabe stellt sich das Inhalt-Menü in der Form

```
Auswahl                    ▐ Inhalt ▌                      Ende  16:05:25
                          ┌────────────────────────────────────────────┐
                          │  Inhalt  LABEL 1:    V_NAME                  │
                          │                2:    V_ANSCH                 │
                          └────────────────────────────────────────────┘
```

dar. Durch die Taste *Cursor-Rechts* verzweigen wir in das *Ende-Menü* mit der
Anzeige:

```
Auswahl                    Inhalt                    ▐ Ende ▌  16:34:26
                                                    ┌──────────────┐
                                                    │  Speichern    │
                                                    │  Abbruch      │
                                                    └──────────────┘
```

Dieses Menü verlassen wir durch die Return-Taste. Es werden sämtliche
Eingaben in der *Label-Datei* VRTRTR.LBL abspeichert.

Genauso wie eine Tabellen-Datei durch die Namensergänzung "DBF"
charakterisiert ist, wird eine Label-Datei durch die Namensergänzung *"LBL"*
(als Kurzform für "LABEL") gekennzeichnet.

## Bearbeitung von Bildschirm-Menüs

Grundsätzlich erlauben die menü-orientierten Befehle des dBASE-Systems - wie etwa CREATE LABEL - die Auswahl der befehls-spezifischen Menüs durch die Betätigung der Tasten *Cursor-Rechts* und *Cursor-Links*:

Zur Dateneingabe in ein Menü ist das jeweils gewünschte Eingabefeld durch die Tasten *Cursor-Tief* und *Cursor-Hoch* auszuwählen:

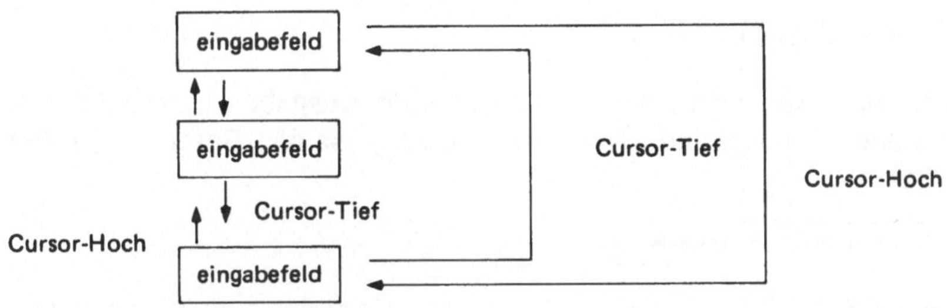


Die Anforderung einer Dateneingabe ist stets durch den Druck der Return-Taste anzuzeigen. Jede Eingabe wird mit der Return-Taste abgeschlossen. Eine im Menü angezeigte Bedienerführung kann durch den Druck auf die *Funktionstaste F1* ein- und ausgeblendet werden.

## Etiketten-Ausgabe

Zur Ausgabe der Etiketten muß die zugehörige Tabellen-Datei im aktuellen Arbeitsbereich angemeldet sein und der Befehl *LABEL FORM* in der Form

```
LABEL FORM label-dateiname [ bereich ] [ SAMPLE ]
        [ TO { PRINT | FILE text-dateiname } ]
        [ WHILE bedingung-1 ] [ FOR bedingung-2 ]
```

angegeben werden, so daß wir z.B. die Druckausgabe aller Adressen durch den Befehl

```
. LABEL FORM VRTRTR TO PRINT
```

abrufen können.

Standardmäßig wird die Ausgabe der Etiketten auf dem Bildschirm vorgenommen. Sie kann - durch die Angabe von *"TO PRINT"* - zusätzlich auf einen angeschlossenen Drucker oder aber - durch die Angabe von *"FILE text-dateiname"* - in eine Text-Datei zur weiteren Bearbeitung ausgegeben werden. Außerdem können wir durch die Aufführung einer Bereichsangabe oder einer durch "FOR" oder "WHILE" eingeleiteten Bedingung die Ausgabe, die standardmäßig für alle Sätze erfolgt, auf einen Teil der Sätze beschränken.

Zur Justierung eines Druckers bei der Druckausgabe der Etiketten sollte beim Aufruf des LABEL FORM-Befehls zusätzlich das Schlüsselwort *SAMPLE* angeben werden. Dadurch wird zunächst eine Ausgabe von Sternzeichen für die gesamte Druckbreite durchgeführt, so daß der Drucker geeignet eingestellt werden kann. Die Testausgabe kann wiederholt werden, und erst dann, wenn auf die Anfrage "Wünschen sie weitere Beispiele (J/N)" mit der Eingabe des Zeichens "N" geantwortet wird, erfolgt die angeforderte Ausgabe der Etiketten.

## Änderung einer Label-Datei

Für den Fall, daß die Angaben zur Etiketten-Ausgabe innerhalb der eingerichteten Label-Datei geändert werden müssen, ist der Befehl *MODIFY LABEL* in der Form

```
MODIFY LABEL label-dateiname
```

einzugeben, woraufhin eine menü-gesteuerte Korrektur der ursprünglichen Angaben möglich ist.

So können wir z.B. für die Etiketten-Ausgabe der Satzinhalte von VRTRTR.DBF vorsehen, daß alle Adressen untereinander ausgegeben werden. Dazu ändern wir im Auswahl-Menü den Wert des Eingabefelds "Zeilen zwischen LABELs:" in den Wert 2 und den Inhalt des letzten Eingabefelds ("LABELs nebeneinander") in den Wert 1 ab, so daß sich nach Beendigung des Befehls MODIFY LABEL - durch die Taste Cursor-Rechts (zweimal drücken!) und die Return-Taste - und nachfolgendem Aufruf von

```
. LABEL FORM VRTRTR TO PRINT
```

die folgende Druckausgabe ergibt:

```
Meyer, Emil
Wendeweg 10, 2800 Bremen

Meier, Franz
Kohlstr. 1, 2800 Bremen

Schulze, Fritz
Gemüseweg 3, 2800 Bremen
```

Aufgaben


Aufgabe 5.1
Es sind die Tabellen-Dateien KUNDE.DBF, AUFTRAG.DBF und AUFPOS.DBF (in dieser
Reihenfolge) in den Arbeitsbereichen 1, 2 und 3 anzumelden. Der aktuelle Status und der Inhalt
dieser Dateien ist auf dem Bildschirm auszugeben!


Aufgabe 5.2
Stelle fest, welche Sätze in der Tabellen-Datei AUFTRAG.DBF zu löschen sind, damit keine
doppelten Sätze vorliegen!


Aufgabe 5.3
Zu welchen Ergebnissen führen die folgenden Anforderungen?

```
. SELECT 1
. USE AUFTRAG
. GO 2
. SELECT 2
. USE AUFPOS
. DISPLAY AUFNR, AUFTRAG -> AUFNR FOR AUFNR <= 417
```

Welche Befehle müssen ergänzt werden, wenn die Bildschirmausgabe in die Text-Datei
DIALOG.TXT eingetragen werden soll?


Aufgabe 5.4
Richte die Label-Datei KUNDE.LBL ein, damit sich die Kundendaten auf dem Bildschirm -
untereinander - in der folgenden Form ausgeben lassen:

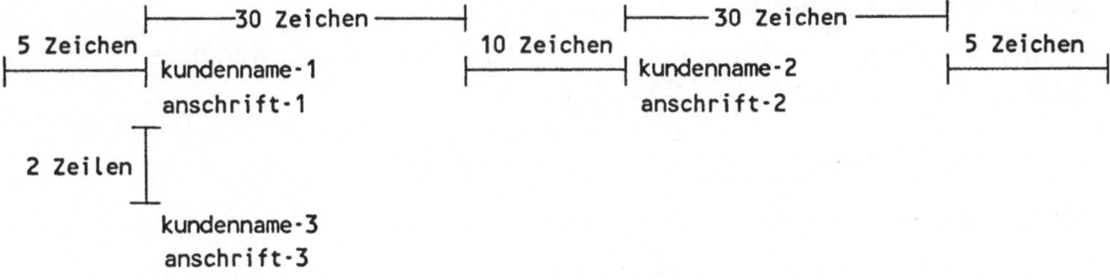


Gib diese Etiketten (LABELs) auf dem Bildschirm aus!

# 6  Änderung des Bestands

## 6.1 Korrektur von Datensätzen (REPLACE, EDIT)

### Der REPLACE-Befehl

Sind Datensatzinhalte zu ändern, so können wir die erforderlichen Korrekturen mit oder ohne dialog-orientierter Menü-Steuerung vornehmen. Grundsätzlich wirken die möglichen Korrektur-Befehle stets auf die Tabellen-Datei, die im aktuellen Arbeitsbereich angemeldet ist.

Soll *ohne* Dialogunterstützung gearbeitet werden, so sind die Änderungen - innerhalb eines oder mehrerer Datenfelder - durch den Befehl *REPLACE* in der Form

```
REPLACE [ bereich ] feldname-1 WITH ausdruck-1
        [ , feldname-2 WITH ausdruck-2 ]...
        [ WHILE bedingung-1 ] [ FOR bedingung-2 ]
```

im angegebenen Satzbereich durchzuführen. Dabei werden die in den Datenfeldern enthaltenen alten Werte durch die Werte der jeweils hinter "WITH" angegebenen Ausdrücke ersetzt.

Hinweis:

Ohne Angabe eines Bereichs und ohne eine WHILE- bzw. FOR-Klausel wird allein der im Satzpuffer enthaltene Satz bearbeitet.

Bei der Korrektur von Datumswerten ist zu beachten, daß der neue Wert mit Hilfe der *Datumsfunktion* CTOD in der Form

```
CTOD("tt.mm.jj")
```

wie z.B. durch

```
. REPLACE DATUM WITH CTOD("24.06.88")
```

angegeben werden muß. Durch diesen Funktionsaufruf wird die als Funktionsargument aufgeführte Zeichenfolge in das interne Datumsformat umgewandelt (siehe Anhang A.5). Diese Vorkehrung ist bei der dialog-gestützten Änderung von Datensätzen mit Hilfe des Befehls *EDIT* nicht zu treffen, da ein in das angezeigte Menü eingegebener Wert automatisch in das interne Datumsformat umgewandelt wird.

## Der EDIT-Befehl

Zur Datenkorrektur im Dialog setzen wir den Befehl *EDIT* in der Form

```
EDIT [ bereich ] [ FIELDS feldname-1 [,feldname-2 ].. ]
               [ WHILE bedingung-1 ] [ FOR bedingung-2 ]
```

ein. Dadurch werden schrittweise - für jeden Satz des angegebenen Satzbereichs
- alle Datenfelder bzw. - bei Angabe des Schlüsselworts *FIELDS* - nur die hinter FIELDS aufgeführten Datenfelder am Bildschirm angezeigt. Die alten Datenfeldinhalte eines Datensatzes werden untereinander ausgegeben - etwa nach
der Eingabe von

```
. USE VRTRTR
. EDIT 2
```

```
in der Form:

V_NR        <5016>
V_NAME      <Meier, Franz                    >
V_ANSCH     <Kohlstr. 1, 2800 Bremen         >
V_PROV      <0.05>
V_KONTO     <  200.00>
```

Hinweis:

Ohne Angabe eines Bereichs und ohne eine WHILE- bzw. FOR-Klausel wird allein der im Satzpuffer enthaltene Satz bearbeitet.

Nachdem die angezeigten Datenfeldinhalte durch geeignete Dateneingaben ver-
ändert wurden, wird der korrigierte Satz (mit neuem Satzinhalt) in die Tabellen-
Datei zurückgeschrieben und der nächste Datensatz automatisch im aktuellen
Satzpuffer bereitgestellt. Die Korrekturmöglichkeit wird für alle nachfolgenden
Datensätze solange fortgesetzt angeboten, bis der letzte Satz bearbeitet wurde
oder durch die Eingabe von "*Ctrl+End*" der Abbruch der Befehlsausführung
gefordert wird. Während der Editierung können wir uns durch die Tasten Bild-
Hoch und Bild-Tief die Inhalte der jeweils vorausgehenden bzw. folgenden
Sätze in den Bildschirm-Masken bereitstellen lassen.


## 6.2 Einfügen von Datensätzen (INSERT)

Wollen wir einen Datensatz nachträglich zwischen zwei vorhandene Sätze in die
Tabellen-Datei eintragen, so müssen wir den Befehl *INSERT* in der Form

```
INSERT [ BLANK ] [ BEFORE ]
```

eingeben. Ist das Schlüsselwort *BEFORE* in diesem Befehl aufgeführt, so wird
der neue Satz *vor* dem aktuell im Satzpuffer enthaltenen Satz eingefügt, ansonsten erfolgt die Eingliederung *hinter* diesem Satz.

<u>Ohne</u> Angabe des Schlüsselworts <u>BLANK</u> werden die Inhalte der Datenfelder interaktiv über das vom CREATE-Befehl her bekannte Bildschirm-Menü für die Datenerfassung erfragt.

Mit Angabe von *BLANK* wird ein neuer Satz, der *nur* Leerzeichen enthält, in den Bestand eingefügt. Dadurch läßt sich die Satzposition festlegen, auch wenn die jeweilige Belegung erst zu einem späteren Zeitpunkt erfolgen soll. Dieses Vorgehen ist z.B. dann erforderlich, wenn der Satzpuffer nicht durch Eingaben in Bildschirm-Masken gefüllt, sondern aus gespeicherten Daten aufgebaut werden soll.

## 6.3 Anfügen von Datensätzen (APPEND)

Sollen ein oder mehrere Datensätze in eine leere Tabellen-Datei eingetragen oder an einen vorhandenen Bestand einer Tabellen-Datei angefügt werden, so ist der *APPEND*-Befehl in der Form

```
APPEND [ BLANK ]
```

anzugeben. Dies ist z.B. dann erforderlich, falls eine (etwa bei der Ausführung des CREATE-Befehls) unterbrochene Erfassung wiederaufgenommen werden soll oder aber in Abhängigkeit von anderen Verarbeitungsschritten neue Datensätze in eine Tabellen-Datei einzutragen sind.

*Ohne* Angabe des Schlüsselworts *BLANK* werden die Datenfelder innerhalb von Bildschirm-Masken angezeigt und können über die Tastatureingabe mit Werten gefüllt werden. Die eingegebenen Werte werden im Satzpuffer der Tabellen-Datei zusammengestellt und - durch den Druck auf die Return-Taste nach der Eingabe des Werts für das letzte Datenfeld - als neuer Satz hinter dem zuletzt in der Tabellen-Datei übertragenen Satz angefügt.

Hinweis:

Die Satzausgabe in die Tabellen-Datei wird erst dann durchgeführt, wenn der Satzpuffer zur Aufnahme der Werte für den nächsten Datensatz benötigt wird.

Nach der Eingabe der Werte für den ersten Satz stehen die Bildschirm-Masken zur Aufnahme der Werte für den nächsten Satz zur Verfügung. Die Erfassung weiterer Datensätze erfolgt solange, bis wir die Tasten "*Ctrl+End*" betätigen. Alternativ kann auch die Return- oder die Escape-Taste unmittelbar nach dem Aufbau der Bildschirm-Masken gedrückt werden.

Wollen wir einen Datensatz, der <u>nur</u> aus Leerzeichen besteht, an den letzten in der Tabellen-Datei abgespeicherten Satz anfügen, so müssen wir das Schlüsselwort *BLANK* im APPEND-Befehl aufführen. Dieses Vorgehen ist z.B. dann erforderlich, wenn der Satzpuffer nicht durch Eingaben in Bildschirm-Masken gefüllt, sondern aus gespeicherten Daten aufgebaut werden soll.

Es ist zusätzlich möglich, Sätze aus einer Tabellen-Datei an den vorhandenen Bestand einer anderen Tabellen-Datei anzufügen. Dazu ist der *APPEND FROM*-Befehl (vergleiche Abschnitt 4.3) in der Form

```
APPEND FROM tabellen-dateiname [ FOR bedingung ]
```

einzugeben. Dadurch werden alle Sätze von "tabellen-dateiname" bzw. - bei Aufführung des Schlüsselworts *FOR* - die durch die angegebene Bedingung gekennzeichneten Sätze in diejenige Tabellen-Datei übertragen (und dort an den vorhandenen Bestand angefügt), die im aktuellen Arbeitsbereich angemeldet ist.


## 6.4 Löschen von Datensätzen (DELETE, PACK, ZAP)

Wollen wir Datensätze einer Tabellen-Datei aus dem Bestand löschen, so können wir sie nur dann physikalisch entfernen, wenn sie zuvor durch eine Markierung als *logisch gelöscht* gekennzeichnet sind. Um Sätze einer im aktuellen Arbeitsbereich angemeldeten Tabellen-Datei logisch zu löschen, ist der *DELETE*-Befehl in der Form

```
DELETE [ bereich ] [ WHILE bedingung-1 ] [ FOR bedingung-2 ]
```

anzugeben. Daraufhin werden alle betroffenen Sätze bei nachfolgenden Editier- und Ausgabebefehlen als löschmarkiert gekennzeichnet. Z.B. wird beim DISPLAY- und LIST-Befehl ein löschmarkierter Satz durch einen Stern "*" eingeleitet, während bei menü-orientierten Befehlen wie etwa EDIT die Zeichenfolge "Del" angezeigt wird.

Hinweis:

Ohne Angabe eines Bereichs und ohne eine WHILE- bzw. FOR-Klausel wird allein der im Satzpuffer vorhandene Satz bearbeitet.

Sollen die löschmarkierten Sätze für die weitere Verarbeitung nicht mehr berücksichtigt werden, so ist der *SET DELETED*-Befehl in der Form

```
SET DELETED ON
```

einzugeben. Allerdings wirkt er nicht auf alle Befehle - Ausnahmen sind z.B. "GO satznummer", "DISPLAY aktueller-satz", "DISPLAY RECORD satznummer" und alle Befehle, in denen als Bereichsangabe "RECORD satznummer" bzw. "NEXT anzahl" angegeben ist. Den Ausschluß der löschmarkierten Sätze von der Verarbeitung können wir durch den *SET DELETED*-Befehl in der Form

```
SET DELETED OFF
```

wieder rückgängig machen.

Die Gesamtheit der innerhalb einer Tabellen-Datei löschmarkierter Sätze läßt sich durch den Einsatz des *DISPLAY*-Befehls in der Form

```
DISPLAY FOR DELETED()
```

auf dem Bildschirm anzeigen, weil der Funktionswert "DELETED()" *nur* für einen löschmarkierten Satz den Wahrheitswert ".T." annimmt (siehe Anhang A.5).

Wollen wir Löschmarkierungen innerhalb einer im aktuellen Arbeitsbereich angemeldeten Tabellen-Datei wieder aufheben, so müssen wir den Befehl *RECALL* in der Form

```
RECALL [ bereich ] [ WHILE bedingung-1] [ FOR bedingung-2 ]
```

verwenden.

Hinweis:

Ohne Angabe eines Bereichs und ohne eine WHILE- bzw. FOR-Klausel wird allein der im Satzpuffer vorhandene Satz bearbeitet.

Sind dagegen alle löschmarkierten Sätze aus der Tabellen-Datei *physikalisch* zu entfernen, so ist der Befehl *PACK* in der Form

```
PACK
```

im Anschluß an den DELETE-Befehl einzugeben. Anschließend sind die löschmarkierten Sätze nicht mehr im Bestand enthalten.

Dieses *zweistufige* Löschen - zuerst logisch, dann physikalisch - hat den Vorteil, daß der zum physikalischen Löschen erforderliche Kopiervorgang nur einmal erforderlich ist. Werden vor der Ausführung des PACK-Befehls Anwendungen mit den Datensätzen durchgeführt, so ist sicherzustellen, daß nur der nicht löschmarkierte Bestand ausgewertet wird.

Hinweis:

Dies läßt sich z.B. mit dem Funktionsaufruf "DELETED()" im Zusammenhang mit dem Selektions-Befehl "SET FILTER TO" bewerkstelligen (siehe Abschnitt 9.3)

Wollen wir alle Sätze einer Tabellen-Datei - <u>ohne</u> vorausgehende logische Löschung - *physikalisch entfernen*, so können wir den Befehl *ZAP* in der Form

```
ZAP
```

einsetzen. Dadurch wird die im aktuellen Arbeitsbereich angemeldete Tabellen-Datei in den Stand versetzt, den sie bei ihrer Einrichtung mit dem CREATE-Befehl - vor der Datenerfassung - besessen hat.

Soll nicht nur der Satzbestand, sondern die gesamte Tabellen-Datei gelöscht werden, so können wir den *ERASE*-Befehl in der Form

```
ERASE dateiname
```

einsetzen. Ist die zu löschende Tabellen-Datei in einem Arbeitsbereich angemeldet, so muß sie vor Ausführung des ERASE-Befehls abgemeldet werden. Als Dateiname ist - zusammen mit dem Grundnamen - auch die jeweilige Namensergänzung aufzuführen, so daß wir z.B. die Tabellen-Datei mit den Umsatzdaten durch den Befehl

```
. ERASE UMSATZ.DBF
```

löschen können.

# 6.5 Format-Dateien zur Gestaltung von Bildschirm-Masken (@, SAY, GET, CLEAR)

## Aufgabenstellung

Bei den Befehlen APPEND, EDIT und INSERT werden die Erfassungsfelder auf dem Bildschirm standardmäßig untereinander angezeigt, so daß wir die Daten in der Abfolge eingeben müssen, in der die Felder innerhalb des Datensatzes angeordnet sind. Falls die Daten in einer anderen Reihenfolge auf Erhebungsbelegen eingetragen sind, ist es unter Umständen sinnvoll, *maßgeschneiderte* Bildschirm-Masken für den Erhebungsbeleg aufzubauen. Dazu müssen wir die gesamte Bildschirm-Maske durch Angaben in einer *Format-Datei* beschreiben. Anschließend läßt sich der Inhalt dieser Format-Datei, deren Dateiname durch die Namensergänzung "*FMT*" (als Abkürzung von "FORMAT") gekennzeichnet ist, für den Bildschirm-Aufbau bei der Ausführung der Befehle APPEND, EDIT oder INSERT bereitstellen.

Wir stellen uns die Aufgabe, eine Format-Datei namens UMSATZ.FMT auf der Daten-Diskette zu erstellen, mit der wir die Umsatzdaten geeignet erfassen können. Dazu setzen wir voraus, daß die Daten auf einem Erhebungsbeleg vorliegen, der wie folgt strukturiert ist:

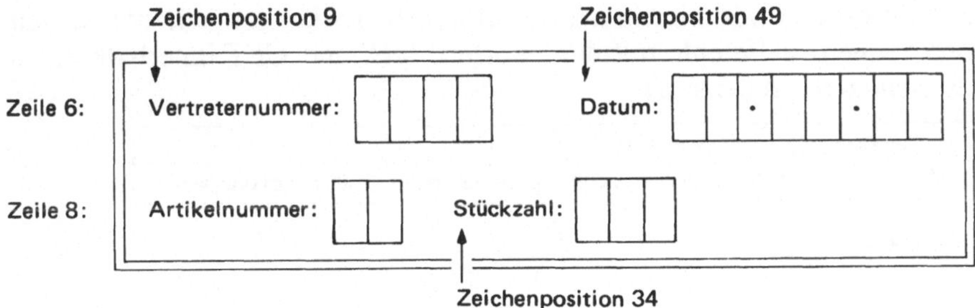


## Der @-Befehl

Zum Aufbau dieser Bildschirm-Maske setzen wir den @-Befehl ein, mit dem sich Bildschirmbereiche festlegen lassen, in denen Daten angezeigt bzw. über die Tastatur eingetragen werden können.

Zur Bezeichnung der Bildschirmpositionen sind die Bildschirmzeilen von 0 bis 23 und die Bildschirmspalten von 0 bis 79 durchnumeriert:

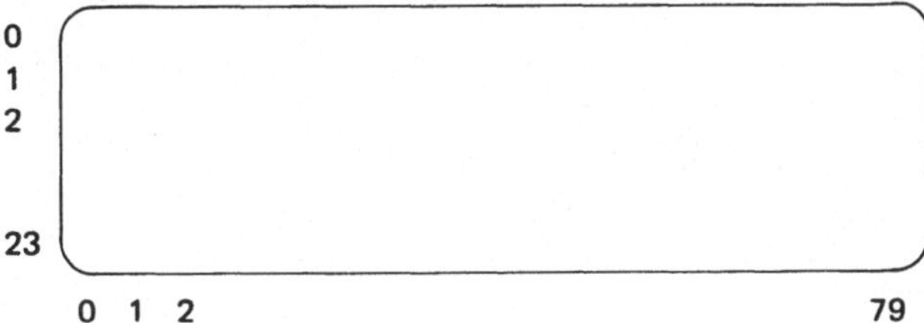

Zur Datenausgabe auf den Bildschirm ist das Schlüsselwort *SAY* innerhalb des
ə-Befehls in der Form

```
ə zeilennummer, spaltennummer SAY ( "zeichenfolge" | feldname )
```

anzugeben. Bei der Ausführung dieses Befehls wird eine Zeichenfolge (ist in
Anführungszeichen zu setzen!) bzw. der Inhalt des Datenfelds "feldname" ab
der angegebenen Position auf dem Bildschirm angezeigt.

Hinweis:

Reicht zur Darstellung eines Feldinhalts eine Bildschirmzeile nicht aus, so wird die Zeichenfolge
aufgebrochen und ihre Ausgabe in Folgezeilen fortgesetzt, wobei die jeweilige Anfangsposition
durch die Spaltennummer im ə-Befehl festgelegt ist.

Sollen Daten über die *Tastatur* eingegeben werden, so ist der ə-Befehl mit dem
Schlüsselwort *GET* in der Form

```
ə zeilennummer, spaltennummer GET feldname
```

einzusetzen. Bei der Befehlsausführung werden die eingegebenen Zeichen in
das hinter dem Wort GET aufgeführte Feld eingetragen. Die angegebene Zei-
len- und Spaltennummer bestimmt die Bildschirmposition, ab der die Zeichen-
eingabe auf dem Bildschirm angefordert werden soll.

Wollen wir *unmittelbar* nach der Ausgabe eines (erläuternden) Textes eine Eingabe innerhalb eines Bildschirmbereichs anfordern, so können wir die beiden
dazu erforderlichen ə-Befehle mit den Wörtern *SAY* und *GET* innerhalb eines
ə-Befehls *abkürzend* in der Form

```
ə zeilennummer, spaltennummer
            SAY ( "zeichenfolge" | feldname-1 ) GET feldname-2
```

zusammenfassen.


## Löschen von Bildschirmbereichen

Wollen wir den Inhalt eines Bildschirmbereichs durch Leerzeichen überschreiben (löschen), so müssen wir den ə-Befehl *ohne* die Wörter SAY und GET
verwenden. Der Einsatz in der Form

```
ə zeilennummer, spaltennummer
```

löscht den Rest der durch die Zeilennummer bestimmten Zeile ab der angegebenen Spaltenposition:

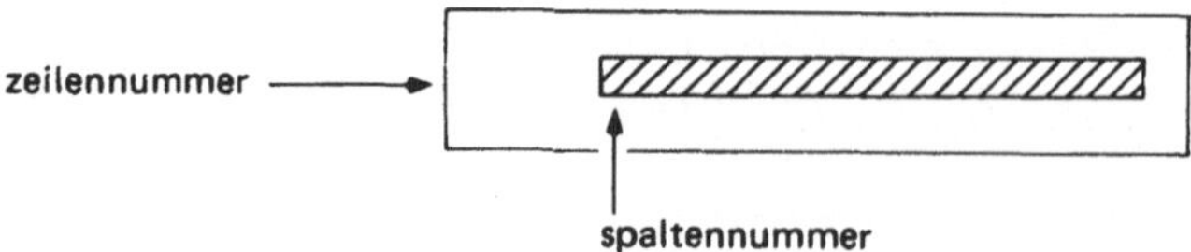

Wird der  ə-Befehl mit den Schlüsselwörtern *CLEAR* und *TO* in der Form

```
ə zeilennummer-1, spaltennummer-1
              CLEAR TO zeilennummer-2, spaltennummer-2
```

verwendet, so wird der rechteckige Bildschirmbereich gelöscht, dessen linke obere Ecke durch die vor CLEAR aufgeführte Zeilen- und Spaltennummer und dessen rechte untere Ecke durch die hinter TO angegebenen Werte gekennzeichnet ist:

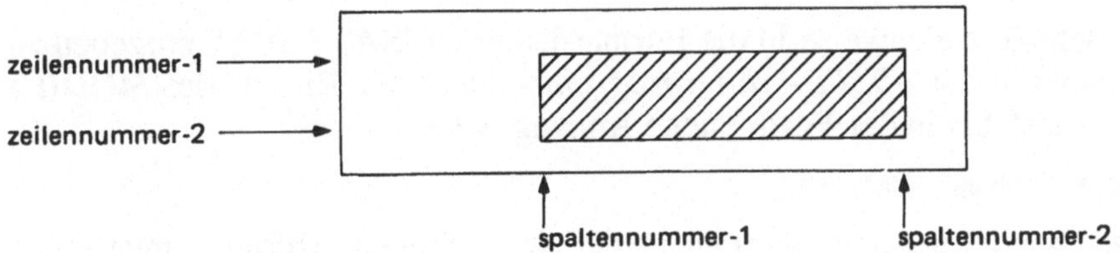


Fehlt hinter CLEAR die Angabe "TO zeilennummer-2, spaltennummer-2", so ist die rechte untere Ecke durch die Zeilennummer 23 und die Spaltennummer 79 bestimmt.

Zur Löschung des gesamten Bildschirms läßt sich der Befehl

```
ə 0, 0 CLEAR
```

durch den *CLEAR*-Befehl in der Form

```
CLEAR
```

abkürzen.

## Einrahmungen

Wollen wir einen Bildschirmbereich durch eine Linie einrahmen lassen, so müssen wir den  ə-Befehl mit dem Schlüsselwort *TO* in der Form

```
ə zeilennummer-1, spaltennummer-1
              TO zeilennummer-2, spaltennummer-2
```

verwenden. Die Angabe vor dem Schlüsselwort TO legt die linke obere Ecke und die Angabe hinter TO die rechte untere Ecke dieses Rahmens fest.

Sollen die Linien des Rahmens doppelt gezogen werden, so ist der  ə-Befehl durch das Schlüsselwort *DOUBLE* zu ergänzen, wie etwa durch die Angabe:

```
. ə 3, 7 TO 9, 67 DOUBLE
```

### Einsatz von Format-Dateien

Den von uns gewünschten Bildschirmaufbau können wir z.B. durch die folgenden a-Befehle festlegen:

```
a 5, 10 SAY "Vertreternummer:" GET V_NR
a 5, 50 SAY "Datum:" GET DATUM
a 7, 10 SAY "Artikelnummer:" GET A_NR
a 7, 35 SAY "Stückzahl:" GET A_STUECK
a 3, 7 TO 9, 67 DOUBLE
```

Um diese Befehle zeilenweise in die Format-Datei UMSATZ.FMT eingeben zu
können, rufen wir das *dBASE-Editierprogramm* durch den Einsatz des *MODIFY
COMMAND*-Befehls in der Form (siehe Anhang A.6)

```
. MODIFY COMMAND UMSATZ.FMT
```

auf. Nachdem wir die Befehlszeilen in der angegebenen Abfolge eingetragen
haben, beenden wir die Erfassung durch den Druck auf die Tasten "Ctrl+End".
Anschließend können wir die Format-Datei UMSATZ.FMT für die Dateneingabe mit den Befehlen APPEND, EDIT oder INSERT zur Ausgabe der von uns
festgelegten Bildschirm-Maske aktivieren. Dazu müssen wir den Namen der
Format-Datei in einem *SET FORMAT TO*-Befehl in der Form

```
SET FORMAT TO format-dateiname
```

aufführen, damit sie im aktuellen Arbeitsbereich - zusammen mit der zuvor ak-
tivierten Tabellen-Datei - angemeldet wird.

Nach der Einrichtung unserer Format-Datei UMSATZ.FMT mit dem MODIFY
COMMAND-Befehl erhalten wir somit durch die Eingabe der Befehle

```
. USE UMSATZ
. SET FORMAT TO UMSATZ
. APPEND
```

die folgenden Bildschirm-Masken für die Datenerfassung angezeigt:

```
┌─────────────────────────────────────────────────────────────────┐
│                                                                   │
│   Vertreternummer:<    >                    Datum:<  .  .  >      │
│                                                                   │
│   Artikelnummer:<  >        Stückzahl:<    >                      │
│                                                                   │
└─────────────────────────────────────────────────────────────────┘
```

Hinweis:

Die Begrenzungszeichen "<" und ">" werden automatisch eingeblendet, da der von uns zuvor
eingegebene SET DELIMITER-Befehl (siehe Abschnitt 4.1) wirksam ist.

Wollen wir eine in einem Arbeitsbereich *angemeldete* Format-Datei abmelden,
um den Inhalt der Format-Datei zu korrigieren oder aber die Dateneingabe wie-

der mit der standardmäßig eingestellten Bildschirm-Maske durchführen zu lassen, so müssen wir den *CLOSE FORMAT*-Befehl in der Form

```
CLOSE FORMAT
```

eingeben.

## Mehrseitiger Menü-Aufbau

Reicht für den Aufbau eines Eingabe-Menüs der Zeilenbereich des Bildschirms nicht aus, so kann mit Hilfe des *READ*-Befehls in der Form

```
READ
```

ein *mehrseitiges* Menü eingerichtet werden. Dieses Menü wird in Menü-Seiten gegliedert, wobei jede einzelne Menü-Seite den Inhalt eines Bildschirms füllt. Die Einteilung des Menüs in die Menü-Seiten (maximal 32 Seiten sind möglich) müssen wir wie folgt vornehmen:

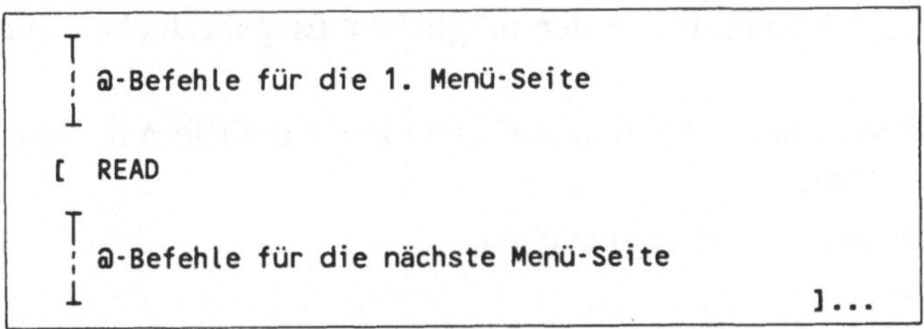


Durch den *READ*-Befehl wird die Dateneingabe für alle die @-Befehle aktiviert, die *vor* diesem READ-Befehl und *nach* einem evtl. vorausgehenden READ-Befehl angegeben sind.

Bei der Ausgabe eines mehrseitigen Menüs, das durch den Inhalt einer Format-Datei beschrieben ist, wird zunächst die 1. Menü-Seite angezeigt. Zum Wechsel zwischen den Menü-Seiten müssen wir die Tasten *Bild-Tief* (zum Vorwärtsblättern) bzw. *Bild-Hoch* (zum Rückwärtsblättern) bedienen. Die Dateneingabe für das gesamte Menü beenden wir dadurch, daß wir die durch den letzten @-Befehl auf der letzten Menü-Seite angeforderte Eingabe vornehmen.

## PICTURE-Angabe

Wollen wir bei der Datenerfassung die eingegebenen Zeichen auf ihre Zulässigkeit hin abprüfen lassen, so können wir dazu das *Schlüsselwort PICTURE* innerhalb des @-Befehls einsetzen. Dadurch wird eine Schablone verabredet, die beschreibt, welche Zeichen an welcher Position in dieses Feld eingegeben werden dürfen.

So sind etwa die von uns in die Format-Datei UMSATZ.FMT eingetragenen Befehlszeilen zu den folgenden Zeilen äquivalent:

```
ə 5, 10 SAY "Vertreternummer:" GET V_NR PICTURE "9999"
ə 5, 50 SAY "Datum:" GET DATUM PICTURE "99.99.99"
ə 7, 10 SAY "Artikelnummer:" GET A_NR PICTURE "99"
ə 7, 35 SAY "Stückzahl:" GET A_STUECK PICTURE "999"
ə 3, 7 TO 9, 67 DOUBLE
```

Durch die Angabe des PICTURE-Symbols "9" ist für die Felder V_NR, A_NR und A_STUECK festgelegt, daß nur Ziffern eingegeben werden können. Der Versuch, ein anderes Zeichen einzutasten, wird abgewiesen. Ohne PICTURE-Schablonen ist bei der Dateneingabe für die ganzzahlig numerischen Felder V_NR, A_NR und A_STUECK ohne vorausgehende Anmeldung der Format-Datei UMSATZ.FMT auch die Eingabe von Leerzeichen erlaubt.

Bei der Eingabe des Datums in der Form ""tt.mm.jj" wird überprüft, ob die Angaben für Tag (tt), Monat (mm) und Jahr (jj) zulässig sind.

In *PICTURE*-Schablonen (Länge mindestens 2 Zeichen) lassen sich z.B. die folgenden *Symbole* zur Beschreibung der möglichen Eingabezeichen verwenden:

- 9 : nur Ziffern und Vorzeichen bei numerischen bzw. nur Ziffern bei alpha numerischen Feldern,

- # : nur Ziffern, Vorzeichen und Leerzeichen,

- A : nur Buchstaben,

- N : nur Buchstaben und Ziffern,

- X : jedes beliebige Zeichen,

- L : nur die logischen Werte "F" bzw. "T", und

- J : nur das Zeichen "J" bzw. "N" oder die Kleinbuchstaben "j" bzw. "n", die automatisch in Großbuchstaben umgewandelt werden.

Bei der Eingabe einer Dezimalzahl muß der Dezimalpunkt in der Schablone als PICTURE-Symbol "." eingetragen werden.

## Bereichsüberprüfung

Bei der Dateneingabe mit dem ə-Befehl können wir durch den Einsatz des Schlüsselworts *RANGE* abprüfen lassen, ob der eingetragene Wert im zulässigen Bereich liegt.

Setzen wir z.B. voraus, daß gültige Artikelnummern stets größer oder gleich 11 und kleiner oder gleich 22 sind, so läßt sich die Eingabe einer Artikelnummer durch den Befehl

```
ə 7, 10 SAY "Artikelnummer:" GET A_NR PICTURE "99" RANGE 11, 22
```

anfordern. Ist der eingegebene Wert unzulässig, so wird eine Fehlermeldung ausgegeben, auf die mit dem Druck der Leertaste geantwortet werden muß.

Insgesamt stellt sich die Syntax des @-Befehls wie folgt dar:

```
@ zeilennummer, spaltennummer
   [ SAY ausdruck-1 [ PICTURE schablone-1 ] ]
   [ [ GET ausdruck-2 [ PICTURE schablone-2 ] ]
   [ RANGE untere-grenze, obere-grenze ] ]
```

## 6.6 Automatischer Aufbau von Format-Dateien (CREATE SCREEN)

Nachdem wir dargestellt haben, wie @-Befehle zum Aufbau eines Bildschirm-Menüs anzugeben und mit Hilfe eines Editierprogramms in eine Format-Datei einzugeben sind, wollen wir jetzt die @-Befehle automatisch erzeugen lassen. Dazu setzen wir einen *Maskengenerator* ein, der durch den Befehl *CREATE SCREEN* in der Form

```
CREATE SCREEN screen-dateiname
```

gestartet wird und eine *Screen-Datei* namens "screen-dateiname" mit der Namensergänzung "*SCR*" (als Abkürzung von "SCREEN") und eine zugehörige Format-Datei (siehe unten) erzeugt.

Nach der Eingabe von

```
. CREATE SCREEN UMSATZ
```

meldet sich der Masken-Generator durch die Ausgabe des *Aufbau-Menüs* in der Form:

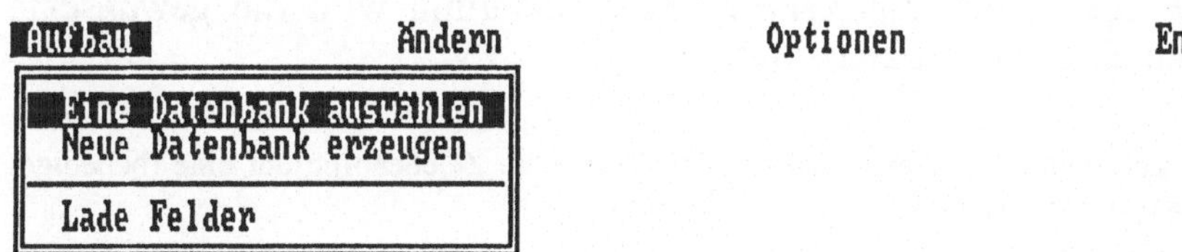


Mit Hilfe der Option "Eine Datenbank auswählen" bestimmen wir unsere Tabellen-Datei UMSATZ.DBF und schalten anschließend durch die Taste Cursor-Rechts auf das *Ändern-Menü* um.

Unsere zu konzipierenden Bildschirm-Masken (für die Bearbeitung der Tabellen-Datei UMSATZ.DBF) bauen wir auf einem *Zeichenbrett* auf, das wir durch die *Funktionstaste F10* in Form von 21 Bildschirmzeilen (mit den Nummern 0 bis 20) einblenden und durch erneuten Druck auf F10 auch wieder ausblenden können.

Auf dem Zeichenbrett schreiben wir ab Position 10 innerhalb Zeile 5 (Cursor-position wird rechts unten angezeigt) den Text "Vertreternummer:". Anschließend schalten wir mit F10 in das Ändern-Menü *zurück*. Dort tragen wir in das Eingabefeld für die Option "Feld" den Namen "V_NR" ein. Danach betätigen wir die *Dezimalpunkt-Taste* ".", woraufhin das zu V_NR gehörige Eingabefeld automatisch eingerichtet wird. Diesen Sachverhalt können wir uns durch eine erneute Umschaltung mit F10 im Zeichenbrett anzeigen lassen. Anschließend positionieren wir den Cursor (im Zeichenbrett) auf die Zeichenposition 50 derselben Zeile, tragen dort den Text "Datum:" ein und lassen dahinter das Eingabefeld DATUM einrichten. Entsprechend verfahren wir mit den Texten "Artikelnummer" und "Stückzahl:" und den zugehörigen Eingabefeldern A_NR und A_STUECK, so daß sich der Inhalt des Zeichenbretts wie folgt darstellt:

```
Vertreternummer:▓▓▓▓                    Datum:▓▓▓▓▓▓▓

Artikelnummer:▓▓        Stückzahl:▓▓▓
```

Fehlerhafte Texte innerhalb des Zeichenbretts lassen sich durch Überschreiben unter Zuhilfenahme der *Delete*- und der *Insert*-Taste korrigieren. Ist ein Eingabefeld falsch plaziert, so positionieren wir den Cursor im Zeichenbrett auf dieses Eingabefeld und drücken die Tasten "*Ctrl+U*" zum Löschen dieses Felds, so daß wir anschließend eine neue Plazierung vornehmen können.

Zum Eintrag der Umrahmung in das Zeichenbrett wechseln wir durch Cursor-Rechts aus dem Ändern-Menü in das *Optionen-Menü*, in dem wir die Option "Doppelte Linie" auswählen. Nach der Ausgabe des Zeichenbretts positionieren wir den Cursor in die 7. Zeichenposition der Zeile 3 und drücken auf die *Return-Taste*, so daß die linke obere Ecke fixiert ist. Anschließend wechseln wir mit dem Cursor zur Zeichenposition 67 innerhalb der Zeile 9 und fixieren die rechte untere Ecke durch die *Return-Taste*. Daraufhin wird die gewünschte Doppellinie im Zeichenbrett angezeigt.

Hinweis:

Eine Linie läßt sich dadurch löschen, daß wir den Cursor im Zeichenbrett auf eine (beliebige) Linienposition setzen und die Tasten "Ctrl+U" betätigen.

Wir wechseln in das *Ende-Menü*, in dem die Option "Speichern" voreingestellt ist. Durch die *Return-Taste* wird der Inhalt des Zeichenbretts in die korrespondierenden @-Befehle umgewandelt. Die so erzeugten Befehle werden in der *Format-Datei* abgespeichert, die als Grundnamen den vereinbarten Namen der Screen-Datei erhält. Diese Format-Datei, die in unserem Fall den Namen UMSATZ.FMT trägt, bleibt im aktuellen Arbeitsbereich angemeldet und kann anschließend zur Bearbeitung der Tabellen-Datei UMSATZ.DBF eingesetzt werden.

Wollen wir das in der Format-Datei enthaltene Bildschirm-Menü modifizieren, so müssen wir die Screen-Datei mit Hilfe des Befehls *MODIFY SCREEN* in der Form

```
MODIFY SCREEN screen-dateiname
```

verändern. Nach der Befehlsausführung enthält die zugehörige Format-Datei die modifizierten ə-Befehle.

Um mit Hilfe des CREATE SCREEN-Befehls ein *mehrseitiges* Menü einzurichten, müssen wir das Zeichenbrett durch Einsatz der Tasten *Bild-Tief* und *Bild-Hoch* geeignet verschieben. Dabei ist zu beachten, daß der angezeigte Zeichenbrett-Ausschnitt jeweils 21 Zeilen umfaßt. Da der Menü-Ausgabe 24 Bildschirmzeilen zur Verfügung stehen, müssen wir diesen Versatz beim Aufbau der Menü-Seiten berücksichtigen.


Aufgaben


Aufgabe 6.1
In AUFTRAG.DBF sind alle diejenigen Sätze physikalisch zu löschen, die in der Aufgabe 5.2 als doppelt erkannt sind!


Aufgabe 6.2
In sämtlichen Tabellen-Dateien ist die alte (falsche) Kundennummer 317 in die neue (richtige) Kundennummer 371 umzuändern!


Aufgabe 6.3
Richte zwei Format-Dateien namens AUFTRAG.FMT und AUFPOS.FMT ein, damit die Daten des Auftragsformulars (zur Struktur siehe Aufgabe 6.4) über die folgendermaßen vereinbarten Bildschirmmasken eingegeben werden können (das Zeichen "9" kennzeichnet jeweils eine Ziffernposition):

```
Auftragsnummer: 999 Datum: 99.99.99 Termin: 99.99.99



Kundennummer: 999
```

```
Auftragsnummer: 999



Positionsnummer: 9 Teilenummer: 999 Teileanzahl: 999
```

Dabei wird vorausgesetzt, daß für die Kundennummer bereits ein Eintrag in der Tabellen-Datei KUNDE.DBF vorliegt!

**Aufgabe 6.4**
Ergänze die Tabellen-Dateien um die Daten aus dem folgenden Auftrag:

```
Auftragsnummer:  420  vom: 12.11.87    zum: 05.02.88

Auftragsposition:      Teilenummer:        Teileanzahl:
.................      ............        ............
        1                  116                 20
        2                  037                 30


für:  Firma Kunze, Parkallee 20, 2800 Bremen


mit Kundennummer: 406
```

**Aufgabe 6.5**
Entwickle die in der Aufgabe 6.3 angegebenen Masken mit dem Maskengenerator und richte dazu die Screen-Dateien AUFTRSCR.SCR und AUFPSCR SCR ein!

# 7 Summarische Beschreibung des Bestands und Datensummation

## 7.1 Summarische Beschreibung des Bestands (COUNT, SUM, AVERAGE)

Um uns einen schnellen Überblick über den Datenbestand einer Tabellen-Datei zu verschaffen, können wir die *Anzahl* der Datensätze zählen (COUNT-Befehl), die *Summe* über die Inhalte bestimmter Datenfelder errechnen (SUM-Befehl) oder aber deren *Durchschnittswert* bestimmen (AVERAGE-Befehl) lassen. Dabei muß nicht immer der gesamte Bestand zugrundegelegt werden, sondern wir können den Bereich der zu verarbeitenden Datensätze auch durch eine der folgenden Angaben festlegen:

- ALL: über alle Sätze (dies ist die Voreinstellung), oder

- NEXT anzahl: über die nächsten "anzahl" Sätze (einschließlich des aktuellen Satzes), oder

- RECORD satznummer :nur für den Satz mit der angegebenen Satznummer, oder

- REST: über den aktuellen und alle folgenden Sätze.

Darüberhinaus lassen sich die zu berücksichtigenden Datensätze durch die Aufführung einer Bedingung mit Hilfe der Schlüsselwörter *FOR* und *WHILE* auswählen.

Insgesamt sind die Befehle *COUNT*, *SUM* und *AVERAGE* gemäß der folgenden Syntax aufgebaut:

```
COUNT [ bereich ] [ WHILE bedingung-1 ] [ FOR bedingung-2 ]

SUM [ bereich ] feldname-1 [, feldname-2 ]...
        [ WHILE bedingung-1 ] [ FOR bedingung-2 ]

AVERAGE [ bereich ] feldname-1 [, feldname-2 ]...
        [ WHILE bedingung-1 ] [ FOR bedingung-2 ]
```

Ohne eine Bereichsangabe wird (ebenso wie beim LIST-Befehl) stets der gesamte Bestand ausgewertet.

Wollen wir uns etwa über die Satzzahl innerhalb der Tabellen-Datei UMSATZ, ferner über die Stückzahl des durch die Artikelnummer 12 bezeichneten Artikels und außerdem über den durchschnittlichen Kontostand der Vertretersätze informieren, so führt uns der Dialog

```
. USE UMSATZ
. COUNT
        9 Sätze
. SUM A_STUECK FOR A_NR = 12
        2 Sätze summiert
    A_STUECK
           50
. USE VRTRTR
. AVERAGE V_KONTO
        3 Sätze gemittelt
V_KONTO
  325.22
```

zu den gewünschten Angaben über den Gesamtbestand.

## 7.2 Summarischer Bericht (Report)

Mit den Befehlen COUNT, SUM und AVERAGE lassen sich einzelne Informationen über den Datenbestand ermitteln. Soll ein *Gesamtüberblick* gegeben werden, so kann ein summarischer Bericht - *Report* genannt - abgerufen werden. Diese Möglichkeit der Datenausgabe ist für wiederholt notwendige Auswertungen sehr hilfreich. Wie wir einen Report erstellen lassen können, zeigen wir beispielhaft für den in der Tabellen-Datei UMSATZ.DBF abgespeicherten Bestand. Dazu legen wir die gewünschte *Report-Struktur* durch die folgenden Vorgaben fest:

- jede Datenzeile soll eine Vertreterkennzahl und eine Stückzahl enthalten,

- die Angaben sollen aufsteigend nach den Artikelnummern sortiert sein,

- innerhalb einer Artikelnummer sollen die Datenzeilen aufsteigend nach den Vertreternummern geordnet sein,

- für jede Artikelnummer soll eine Zwischensumme über die Stückzahlen gebildet werden, und

- am Ende des Reports soll die Gesamtsumme über alle Stückzahlen ausge wiesen sein.

Aus diesen Vorgaben ermitteln wir für den Bestand der Tabellen-Datei UMSATZ den folgenden Report:

```
           Vertreterkennzahl  Stückzahl
** Artikelnummer      11
                    1215          20     ◄─── 1. Datenzeile
                    8413          70     ◄─── 2. Datenzeile
                    8413          20
```

```
** Gruppensumme **
                              110
** Artikelnummer    12
                  1215        10
                  8413        40
** Gruppensumme **
                               50

** Artikelnummer    13
                  1215         5
                  8413        35
** Gruppensumme **
                               40
** Artikelnummer    22
                  5016        10
                  5016        35
** Gruppensumme **
                               45
*** Gesamt    ***
                              245
```

Wie sich dieser Report mit Hilfe der Befehle CREATE REPORT und REPORT FORM automatisch erzeugen läßt, stellen wir im folgenden dar. Zunächst muß gewährleistet sein, daß die Datensätze nach den Artikelnummern aufsteigend sortiert sind und daß bei Sätzen mit gleicher Artikelnummer eine aufsteigende Ordnung gemäß der Vertreterkennzahl vorliegt.

## 7.3 Sortierung von Datensätzen (SORT)

Da wir die Datensätze nicht in der geforderten Abfolge in die Tabellen-Datei UMSATZ eingetragen haben, müssen wir sie zunächst nach den vorgegebenen *Sortierkriterien* ordnen. Dabei ist zu beachten, daß eine Datei nicht in sich selbst sortiert werden kann. Es ist immer eine *neue* Tabellen-Datei einzurichten, in welche die sortierten Sätze ausgegeben werden.

Grundsätzlich lassen sich die Datensätze einer Tabellen-Datei nach ein oder mehreren Sortierkriterien *auf-* oder *absteigend* sortieren. Dazu muß die Tabellen-Datei im aktuellen Arbeitsbereich angemeldet sein.

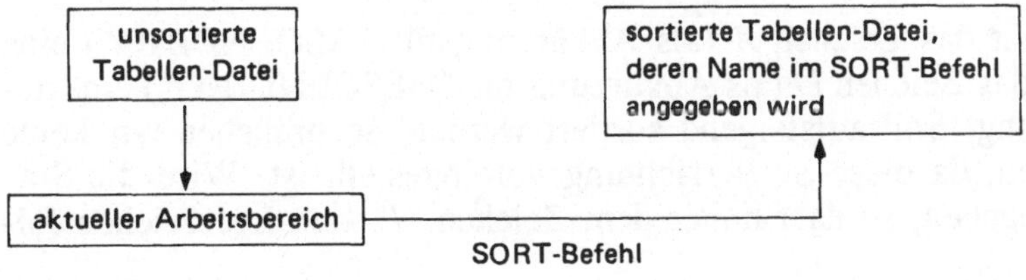

Damit wir zur Lösung unserer Aufgabenstellung den oben angegebenen Report-Ausdruck erzeugen lassen können, geben wir die folgenden Befehle ein:

```
. USE UMSATZ
. SORT TO UMSTZSRT ON A_NR, V_NR
```

Durch die Ausführung des SORT-Befehls werden zunächst alle Sätze aufsteigend nach den Artikelnummern sortiert. Anschließend werden die Sätze mit gleichen Artikelnummern aufsteigend nach den Vertreternummern geordnet:

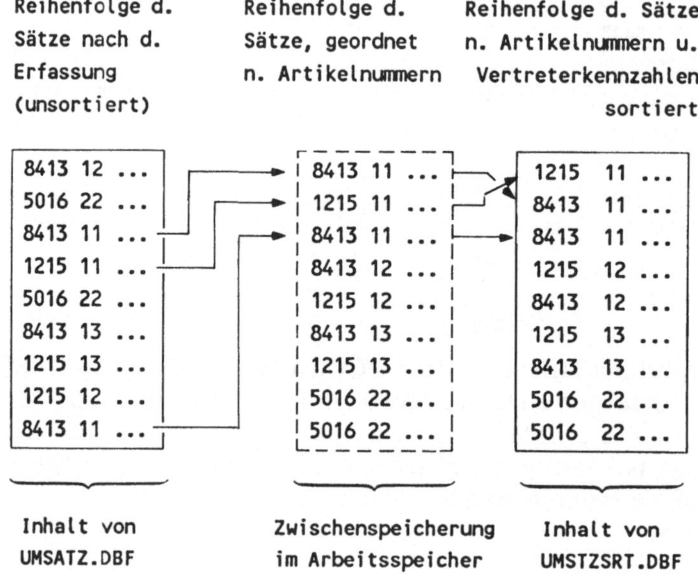


Nach der Sortierung bleibt UMSATZ.DBF im aktuellen Arbeitsbereich angemeldet, während zu UMSTZSRT.DBF, der Tabellen-Datei mit den sortierten Daten, keine Verbindung besteht.

Die allgemeine Struktur des *SORT*-Befehls wird durch die folgende Syntax beschrieben:

```
SORT [ bereich ] TO tabellen-dateiname
     ON feldname-1 [/{A | D } [ C ]]
     [, feldname-2 [/{A | D } [ C ]] ]...
  [ WHILE bedingung-1 ] [ FOR bedingung-2 ]
```

Dabei kennzeichnet das Zeichen *A* (als Abkürzung für "ASCENDING") eine aufsteigende und das Zeichen *D* (als Abkürzung für "DESCENDING") eine absteigende Sortierung. Soll aufsteigend sortiert werden, so brauchen wir keine Angabe zu machen, da diese Sortierrichtung voreingestellt ist. Wird die Sortierrichtung vorgegeben, so darf hinter dem Zeichen "/" *kein* Leerzeichen folgen.

Wollen wir nicht alle Sätze, sondern nur einen Teilbereich des Bestands sortieren, so werden nur die resultierenden sortierten Sätze in die Tabellen-Datei übertragen, deren Name hinter dem Schlüsselwort TO aufgeführt ist.

Wollen wir etwa die Tabellen-Datei ARTIKEL nach fallenden Artikelpreisen ordnen, so daß der Artikel mit dem höchsten Preis im ersten Datensatz abgespeichert ist, so müssen wir die Befehle

```
. USE ARTIKEL
. SORT TO ARTKLSRT ON A_PREIS /D
```

angeben. Nach der Sortierung enthält die Tabellen-Datei ARTKLSRT.DBF die geordneten Datensätze.

Das in der Syntax des SORT-Befehls hinter dem Schlüsselwort *ON* zuerst angegebene Datenfeld ist das *Sortierfeld*, das den obersten Sortierbegriff festlegt, d.h. nach diesem Feldinhalt wird zuerst sortiert. Sind mehrere Datensätze mit gleichem Sortierfeldinhalt vorhanden und ist ein zweiter Feldname im SORT-Befehl aufgeführt, so werden diese Sätze nach diesem Feldinhalt geordnet usw. Bei der Sortierung wird für die Zeichen stets die folgende *Sortierfolgeordnung* (gemäß dem ASCII-Kode) zugrundegelegt:

Leerzeichen ! " # $ % & ' ( ) * + , - . / 0 1 2 bis 9 : ; < = > ? a A B bis Z [ \ ] ^ _ ' a b bis z { | } ~

Soll bei der Sortierung nicht zwischen Klein- und Großbuchstaben unterschieden werden, so ist das Zeichen "C" (siehe die oben angegebene Syntax des SORT-Befehls) hinter dem Schrägstrich "/" anzugeben.


# 7.4 Erzeugung eines Reports (CREATE REPORT, REPORT FORM)


## Aufbau einer Report-Format-Datei

Nachdem wir kennengelernt haben, wie wir die Sortierung von Datensätzen mit Hilfe des SORT-Befehls anfordern können, beschreiben wir jetzt, wie sich die von uns gewünschte Report-Struktur festlegen läßt. Zunächst müssen wir die sortierte Tabellen-Datei UMSTZSRT.DBF durch

```
. USE UMSTZSRT
```

im aktuellen Arbeitsbereich anmelden. Anschließend geben wir den Befehl *CREATE REPORT* in der Form

```
. CREATE REPORT UMSTZSRT
```

ein. Dadurch verabreden wir, daß die Angaben über die Report-Struktur in einer *Report-Format-Datei* namens UMSTZSRT.FRM abgespeichert werden sollen.

Grundsätzlich sind Report-Format-Dateien durch die Namensergänzung "*FRM*" (als Abkürzung von "FORMAT") gekennzeichnet. Diese Namensergänzung brauchen wir im *CREATE REPORT*-Befehl jedoch nicht aufzuführen, da die Ergänzung "FRM" automatisch an den im Befehl *CREATE REPORT* angegebenen Grundnamen angefügt wird. Bei der Ausführung des CREATE REPORT-Befehls in der Form

```
CREATE REPORT report-format-dateiname
```

wird das *Format-Menü* ausgegeben, das in der Kopfzeile die Namen zur Kennzeichnung der möglichen Menüs "Format", "Gruppe", "Spalte", "Auswahl" und "Ende" enthält.

```
Format          Gruppe          Spalte          Auswahl          Ende  [HILFE]
┌──────────────────────────────────────────┐
│ Überschrift                              │
│ Seitenbreite (# Stellen)        80       │
│ Linker Rand (# Stellen)          8       │
│ Rechter Rand (# Stellen)         0       │
│ Zeilen je Seite                 58       │
│ Doppelzeiliger REPORT          Nein      │
│ Seitenvorschub vor dem Druck   Ja        │
│ Seitenvorschub nach dem Druck  Nein      │
│ Kopf-Ausgabe                   Nein      │
└──────────────────────────────────────────┘
```

## Gestaltung des Layouts

Das Layout des Reports wird im *Format-Menü* durch die folgenden Angaben bestimmt:

- Überschrift: bis zu 4 Zeilen mit jeweils maximal 60 Zeichen,

- Seitenbreite (Voreinst.: 80): 1 bis 500,

- Linker Rand (Voreinst. : 8),

- Rechter Rand (Voreinst. : 0),

- Zeilen je Seite (Voreinst.: 58) : 1 bis 500,

- Doppelzeiliger Report (Ja/Nein) (Voreinst. : Nein),

- Seitenvorschub vor dem Druck (Ja/Nein) (Voreinst. : Nein),

- Seitenvorschub nach dem Druck (Ja/Nein) (Voreinst. : Ja), und

- Kopf-Ausgabe unterdrücken, d.h. Ausgabe von Seitennummern, Datum und Überschrift (Ja/Nein) (Voreinst. : Nein, d.h. jede Seite enthält die Kopf-Ausgabe) : bei "Ja" wird allein die Überschrift zu Beginn der ersten Seite ausgegeben.

Eine ausführliche Beschreibung dafür, wie wir Werte in ein Menü eingeben können und wie sich die Menüs wechseln lassen, haben wir im Abschnitt 5.5 bei der Einrichtung einer Label-Datei angegeben, so daß wir an dieser Stelle auf detaillierte Erläuterungen verzichten.

## Bestimmung der Summation

Nachdem wir in das Format-Menü als Überschrift den Text "Umsatz-Report"
eingegeben (und evtl. eine oder mehrere Voreinstellungen verändert) haben,
müssen wir anschließend im *Gruppe-Menü*, in das wir durch die Taste Cursor-
Rechts wechseln, Angaben zur Art der Summation machen. Die gewünschte
Summierung legen wir in diesem Menü in der folgenden Form fest:

```
Format        Gruppe         Spalte        Auswahl        Ende  HILFE25

         ┌──────────────────────────────────────────────────────┐
         │ Gruppensumme auf          A_NR                        │
         │ Gruppenüberschrift        Artikelnummer               │
         │ Nur Summen-REPORT         Nein                        │
         │ Gruppen-Seitenvorschub    Nein                        │
         │ Teil-Gruppensumme auf                                 │
         │ Teil-Gruppenüberschrift                               │
         └──────────────────────────────────────────────────────┘
```

Für unsere Aufgabenstellung haben wir in das Gruppe-Menü die Angabe
"A_NR" in das Eingabefeld für die Option "Gruppensumme auf" und den Text
"Artikelnummer" in das Eingabefeld für die Option "Gruppenüberschrift" ein-
getragen.

## Satzgruppe und Satzgruppenwechsel

Soll *kein* Gesamtreport ausgegeben werden, sondern sind Gruppensummen zu
bilden, so ist Voraussetzung, daß die Datensätze, über deren Inhalt ein Report
erstellt werden soll, in Satzgruppen gegliedert sind. Unter einer *Satzgruppe*
wird eine Zusammenfassung von Sätzen verstanden, die durch eine charakteristische Eigenschaft gekennzeichnet sind.

In unserem Fall haben wir durch die Eintragungen von A_NR im oben angegebenen Menü festgelegt, daß die Tabellen-Datei UMSTZSRT aus vier Satzgruppen besteht, da die nach Artikelnummern und Vertreternummern geordnete
Datei UMSTZSRT wie folgt gegliedert ist:

```
                        ⌈ 1215  11
   1. Satzgruppe        ⟨ 8413  11
                        ⌊ 8413  11
                            ◄─── Satzgruppenwechsel
   2. Satzgruppe        ⌈ 1215  12
                        ⌊ 8413  12
                            ◄─── Satzgruppenwechsel
   3. Satzgruppe        ⌈ 1215  13
                        ⌊ 8413  13
                            ◄─── Satzgruppenwechsel
   4. Satzgruppe        ⌈ 5016  22
                        ⌊ 5016  22
```

An der Stelle, an der das Feld A_Nr seinen Inhalt ändert, liegt ein sog. *Satzgruppenwechsel* vor.

Satzgruppen können nicht nur durch den Inhalt eines Feldes, sondern auch durch mehrere Feldinhalte bestimmt werden. In diesem Fall ist ein Satzgruppenwechsel durch eine Änderung mindestens eines Feldinhalts gekennzeichnet.

Ob im Report *kein* Satzgruppenwechsel oder ob ein *einstufiger* Satzgruppenwechsel bzw. ein *zweistufiger* Satzgruppenwechsel mit einem untergeordnetem Satzgruppenwechsel vorgenommen werden soll, läßt sich in dem oben angegebenen Gruppe-Menü wie folgt verabreden:

- kein Satzgruppenwechsel: keine Angaben

- einstufiger Satzgruppenwechsel: Angabe zur Option "Gruppensumme auf" und evtl. zusätzlich in die drei nachfolgenden Optionen

- zweistufiger Satzgruppenwechsel: Angaben zur Option "Gruppensumme auf" und zur Option "Teil-Gruppensumme auf" und evtl. zu den anderen Optionen.

## Festlegung der Report-Kolumnen

Nach den Angaben zum Layout und zur Art der Summierung, die wir innerhalb des Format- und des Gruppe-Menüs festgelegt haben, bestimmen wir jetzt die einzelnen *Report-Kolumnen* (Spalten). Durch den Druck auf die Taste Cursor-Rechts wechseln wir zum *Spalte-Menü* über und legen dort die erste Report-Kolumne durch die folgenden Angaben fest:

```
Format          Gruppe        Spalte            Auswahl        Ende  [6][5][0]
              ┌─────────────────────────────────────────────────────────┐
              │ Inhalt                   V_NR                            │
              │ Kopf                     Vertreterkennzahl               │
              │ Breite                   17                              │
              │ Dezimalstellen           0                              │
              │ Gesamt? (J/N)            Nein                           │
              └─────────────────────────────────────────────────────────┘
```

Dieser Menü-Inhalt besagt, daß die erste Report-Kolumne durch den Text "Vertreterkennzahl" überschrieben werden soll und daß in diese Kolumne, die aus 17 Zeichenpositionen besteht, die Inhalte des Datenfelds V_NR einzutragen sind.

Bei der Bestimmung der Option "Inhalt" können wir uns durch die *F10-Taste* die Datensatz-Struktur der im aktuellen Arbeitsbereich angemeldeten Tabellen-Datei UMSTZSRT.DBF ausgeben lassen. Mit der *F1-Taste* schalten wir die Anzeige der Tastenfunktionen ein und aus, so daß wechselseitig die bis zu diesem Zeitpunkt festgelegte Report-Struktur eingeblendet werden kann.

Das durch den Text "GESAMT(J/N)" gekennzeichnete Eingabefeld kann nur
dann über den Cursor angesteuert werden, falls in die Report-Kolumne Werte
eines numerischen Felds einzutragen sind. In unserem Fall geben wir den Wert
"Nein" ein, indem wir auf dieses Feld positionieren und die *Return-Taste* betätigen. Jetzt ist noch die zweite Report-Kolumne mit dem Eintrag der Stückzahlen festzulegen. Dazu betätigen wir die Taste *Bild-Tief* und tragen in das Bildschirm-Menü die folgenden Daten ein:

```
Format          Gruppe          Spalte          Auswahl          Ende   16:16:06

        ┌──────────────────────────────────────────────────────────┐
        │  Inhalt               A_STUECK                            │
        │  Kopf                 Stückzahl                           │
        │  Breite               9                                   │
        │  Dezimalstellen       0                                   │
        │  Gesamt? (J/N)        Ja                                  │
        └──────────────────────────────────────────────────────────┘
```

Durch die (voreingestellte) Angabe von "Ja" im letzten Erfassungsfeld ist festgelegt, daß für diese Kolumne Teil-Gruppensummen im Report ausgegeben
werden sollen. Weitere Kolumnen sind nicht zu vereinbaren, und folglich beenden wir den Dialog durch den Wechsel in das *Ende-Menü* mit der voreingestellten Option "Speichern" und anschließendem Druck auf die Return-Taste,
woraufhin die Angaben über die Report-Struktur in die Report-Format-Datei
UMSTZSRT.FRM übertragen werden.


## Report-Ausgabe auf den Bildschirm

Jetzt läßt sich für die im aktuellen Arbeitsbereich angemeldete Tabellen-Datei
UMSTZSRT der Report abrufen, dessen Struktur von uns in der Report-Format-Datei UMSTZSRT.FRM durch den Einsatz des CREATE REPORT-Befehls abgespeichert wurde. Dazu müssen wir den Befehl *REPORT FORM* in der
Form

```
REPORT FORM report-format-dateiname
```

angeben, d.h. in unserem Fall:

```
. REPORT FORM UMSTZSRT
```

Daraufhin wird der von uns gewünschte Report-Ausdruck in der im Abschnitt
7.2 angegebenen Form auf dem Bildschirm angezeigt.


## Änderung der Report-Struktur

Sind nachträglich Veränderungen in der Struktur dieses Report-Ausdrucks
durchzuführen, so muß die Report-Format-Datei modifiziert werden. Dazu ist
der Befehl *MODIFY REPORT* in der Form

```
MODIFY REPORT report-format-dateiname
```

anzugeben, woraufhin die ursprünglichen Angaben (innerhalb der uns vom Aufbau einer Report-Format-Datei her bekannten Menü-Struktur) auf dem Bildschirm angezeigt werden. Nachdem wir Korrekturen durchgeführt bzw. Ergänzungen vorgenommen und anschließend den Dialog beendet haben, steht in der Report-Format-Datei die geänderte Fassung der Report-Struktur für den nächsten Aufruf des REPORT FORM-Befehls zur Verfügung.

## Sicherung einer Report-Format-Datei

Soll eine Report-Struktur modifiziert und zuvor die alte Version zur Sicherung in eine andere Report-Format-Datei übertragen werden, so ist hierzu der *COPY FILE*-Befehl in der Form

```
COPY FILE dateiname-1 TO dateiname-2
```

einzusetzen. Mit diesem Befehl können beliebige Dateien kopiert werden. In unserem Fall sind in den Dateinamen die Namensergänzungen "*FRM*" mit aufzuführen, da sie nicht automatisch - wie bei den Befehlen CREATE REPORT, REPORT FORM und MODIFY REPORT - ergänzt werden.

So sichern wir etwa durch den Befehl

```
. COPY FILE UMSTZSRT.FRM TO REPORT1.FRM
```

die ursprüngliche Report-Struktur innerhalb der Report-Format-Datei REPORT1.FRM. Durch die Befehle

```
. USE UMSTZSRT
. REPORT FORM REPORT1
```

können wir anschließend wiederum einen Report gemäß der früheren Report-Struktur erzeugen.

## Report-Ausgabe auf Drucker und in eine Text-Datei

Reports können nicht nur auf den Bildschirm, sondern auch auf einen angeschlossenen Drucker oder in eine Text-Datei ausgegeben werden. Dazu ist der *REPORT FORM*-Befehl in der Form

```
REPORT FORM report-format-dateiname [ bereich ]
     [ WHILE bedingung-1 ] [ FOR bedingung-2 ]
     [ PLAIN ] [ HEADING zeichenfolge ] [ NOEJECT ] [ SUMMARY ]
     [ ( TO PRINT | TO FILE text-dateiname ) ]
```

zu verwenden. Die Ausgabe läßt sich wie folgt über Schlüsselwörter steuern:

```
- PLAIN : keine Ausgabe von Seitenzahlen und Systemdatum,
- HEADING : Zusatzüberschrift für jede Seite,
- NOEJECT : kein Vorschub des Druckers bei Druckbeginn
```

und

```
    - SUMMARY : keine Ausgabe einzelner Datenzeilen (nur Summenzeilen).
```

Durch die Angabe von "TO PRINT" oder "TO FILE text-dateiname" kann eine Ausgabe auf den Drucker bzw. in eine Text-Datei abgerufen werden.


## 7.5 Datensummation (TOTAL)

Soll die im oben angegebenen Report-Ausdruck enthaltene Summation der Stückzahlen nicht nur angezeigt, sondern auch gespeichert werden, so müssen wir eine Tabellen-Datei einrichten, in welche die Ergebniswerte als Satzinhalte übertragen werden. Zur Durchführung dieser Summation mit gleichzeitiger Sicherung der Summenwerte steht der Befehl *TOTAL* in der Form

```
TOTAL ON feldname-1 TO tabellen-dateiname [ bereich ]
                    [ FIELDS feldname-2 [ , feldname-3 ]... ]
                    [ WHILE bedingung-1 ] [ FOR bedingung-2 ]
```

zur Verfügung. Die Tabellen-Datei, deren Werte zu summieren sind, muß das Feld "feldname-1" enthalten und zuvor im aktuellen Arbeitsbereich angemeldet worden sein. Ferner muß diese Tabellen-Datei - evtl. durch eine vorausgehende Sortierung - in Satzgruppen gegliedert sein. Entscheidend ist, daß die *Satzgruppen-Struktur* durch den Inhalt des Felds "feldname-1" bestimmt ist, d.h. jeder Satzgruppenwechsel wird durch eine Werteänderung innerhalb des Felds "feldname-1" angezeigt.

Die neue Tabellen-Datei mit den Summenwerten ist genauso strukturiert wie die im aktuellen Arbeitsbereich angemeldete Tabellen-Datei. Ist diese Datei vor der Ausführung des TOTAL-Befehls bereits vorhanden, so wird ihr Inhalt gelöscht und - falls erforderlich - die alte Struktur in die neuerdings benötigte Struktur abgeändert.

Bei der Ausführung des TOTAL-Befehls wird bei jedem *Satzgruppenwechsel* ein neuer Datensatz in die Tabellen-Datei ausgegeben, deren Name im TOTAL-Befehl hinter dem Schlüsselwort <u>TO</u> aufgeführt ist. Der Satzinhalt wird aus den Satzinhalten der Satzgruppe wie folgt ermittelt:

- <u>Ohne</u> Angabe des Schlüsselworts *FIELDS* werden die Gruppensummen für alle numerischen Datenfelder errechnet, und die resultierenden Summenwerte als Feldinhalte in den Ausgabesatz aufgenommen.

- Bei Angabe des Worts *FIELDS* erfolgt diese Verrechnung nur für die hinter FIELDS aufgeführten Felder.

- Die von der Summation *nicht* betroffenen Datenfelder werden so behandelt, daß der pro Satzgruppe erzeugte Datensatz für diese Felder als Wert den Eintrag des jeweils *ersten* Datensatzes dieser Satzgruppe enthält.

Haben wir etwa die Tabellen-Datei UMSTZSRT mit nach Artikelnummern sortierten Sätzen durch

```
. USE UMSTZSRT
```

im aktuellen Arbeitsbereich angemeldet, so resultiert aus der Ausführung des Befehls

```
. TOTAL ON A_NR TO UMSTZTOT FIELDS A_STUECK
            FOR A_NR = 11 .OR. A_NR = 12
```

die Meldung:

```
5 Sätze addiert

2 Sätze erzeugt
```

Dabei wurde die folgende Auswertung vorgenommen:

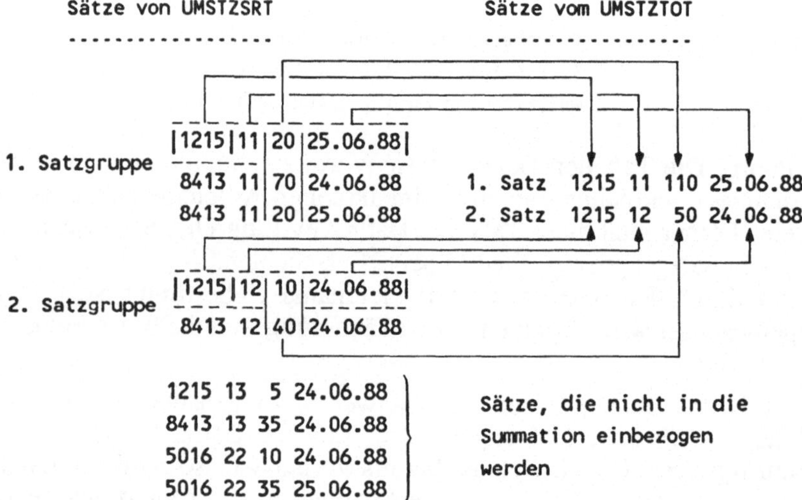


Soll - entgegen der bislang zugrundegelegten Report-Struktur - bei der Summierung über die Stückzahlen die Summation für jede Vertreternummer und jede Artikelnummer <u>getrennt</u> durchgeführt werden, so müßte die Tabellen-Datei UMSATZ.DBF zunächst nach Vertreterkennzahlen und für gleiche Vertreterkennzahlen nach Artikelnummern sortiert werden. Erst daran anschließend läßt sich die gewünschte Summenbildung mit Hilfe des TOTAL-Befehls vornehmen. Wollen wir diese Zusammenführung durchführen und die Summenwerte in die Tabellen-Datei UMSTZTOT.DBF speichern, so müssen wir folglich die Befehlsfolge

```
. USE UMSATZ

. SORT TO UMSTZSRT ON V_NR, A_NR

. USE UMSTZSRT

. TOTAL ON A_NR TO UMSTZTOT FIELDS A_STUECK
```

ausführen lassen.

Aufgaben

**Aufgabe 7.1**
Bestimme die Anzahl der Aufträge!

**Aufgabe 7.2**
Bestimme die Gesamtzahl der Teileanzahlen für die Teilenummern 116 und 128!

**Aufgabe 7.3**
Bestimme die durchschnittliche Anzahl der für die Teilenummer 37 bestellten Teile!

**Aufgabe 7.4**
Sortiere die Tabellen-Datei AUFPOS.DBF nach Teilenummern und richte AUFPOSS.DBF mit den sortierten Datensätzen ein!

**Aufgabe 7.5**
Richte eine Report-Format-Datei namens AUFPOSS.FRM ein und gib einen Report aus, in dem für alle Teilenummern die Summe der Teileanzahlen pro Teilenummer angezeigt wird! In diesem Report sollen keine Datenzeilen ausgegeben werden!

**Aufgabe 7.6**
Richte die Tabellen-Datei TEILETOT.DBF ein, in der die Summenwerte aus dem Report als Satzinhalte abgespeichert sind!

# 8 Indizierung - eine Methode für den Direktzugriff auf Datensätze

## 8.1 Einrichtung einer Index-Datei (INDEX)

### Index-Tabelle und Satzschlüssel

Wollen wir bei der Summierung von Feldinhalten die Art der Summenbildung ändern (siehe etwa das oben angegebene Beispiel), so müssen wir den Datenbestand geeignet umordnen und anschließend einen entsprechend modifizierten TOTAL-Befehl eingeben. Bei großen Datenbeständen ist eine Sortierung in der Regel sehr zeitaufwendig. Zudem besteht die Gefahr, daß entsprechend viele Varianten ein und desselben Datenbestands eingerichtet werden, die jeweils nach anderen Kriterien sortiert sind. Daher ist es ratsam, die gewünschte Anordnung der Datensätze nicht physikalisch herzustellen, sondern die Sätze durch eine Indizierung in die gewünschte Reihenfolge zu bringen.

Bei der *Indizierung* wird der Zugriff auf die Datensätze der Tabellen-Datei durch die Vereinbarung eines *Satzschlüssels* festgelegt. Dieses Verfahren ermöglicht den *direkten* Zugriff auf einzelne Sätze und *erweitert* die bisherige Möglichkeit, einen Satz über seine Satznummer zu adressieren.

Legen wir etwa bei der Tabellen-Datei VRTRTR.DBF das Feld V_NR als Satzschlüssel fest (wie wir diese Anforderung eingeben, stellen wir unten dar), so führt diese Indizierung zu folgenden Verweisen:

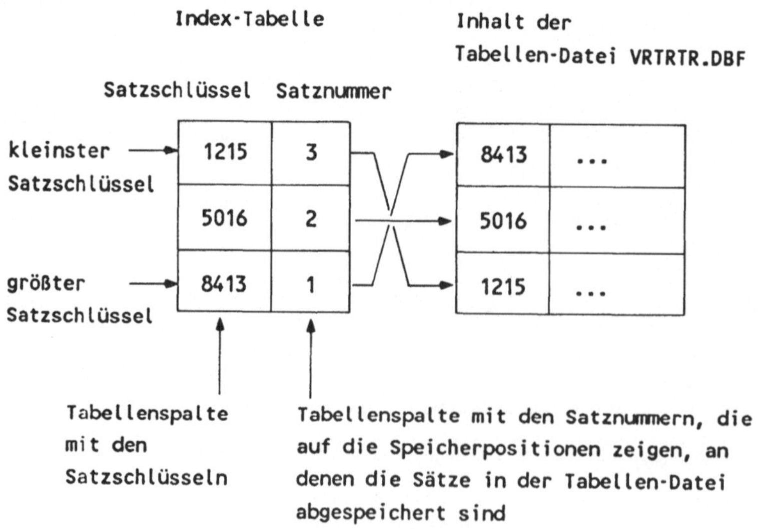

Nach der Indizierung wird die Reihenfolge der Sätze durch die Angaben in der *Index-Tabelle* bestimmt, so daß in diesem Fall auf den Satz mit der Vertreterkennzahl 1215 als ersten, auf den Satz mit der Kennzahl 5016 als zweiten und auf den Satz mit der Kennzahl 8413 als letzten Satz der Tabellen-Datei zugegriffen wird, sofern z.B. die Datei sequentiell verarbeitet wird.

Zu einer Tabellen-Datei kann nicht nur ein Satzschlüssel verabredet werden, sondern es ist die Einrichtung *mehrerer* verschiedener Satzschlüssel erlaubt.

Jeder Satzschlüssel wird vom dBASE-System in einer eigenständigen Index-Tabelle verwaltet. Als ersten Eintrag enthält die Index-Tabelle stets den in der Sortierordnung *kleinsten* Satzschlüssel, so daß der zugehörige Satz zum (logisch) 1. Satz bzgl. der gewählten Indizierung wird. Zum (logisch) 2. Satz wird derjenige Datensatz bestimmt, der den in der Sortierordnung nächstgrößeren Satzschlüssel besitzt, usw. Der (logisch) letzte Satz, der durch den letzten Eintrag in der Index-Tabelle bestimmt ist, besitzt den in der Sortierordnung *größten* Schlüssel.

Satzschlüssel müssen nicht notwendig eindeutig sein, d.h. es darf vorkommen, daß zwei oder mehrere Sätze mit gleichem Satzschlüssel im Bestand vorhanden sind. Nach der Indizierung können wir über den zugehörigen Satzschlüssel den jeweils ersten Satz einer Satzfolge mit gleichem Satzschlüssel anfordern. Auf den zweiten und die evtl. weiteren Sätze dieser Satzfolge muß anschließend sequentiell zugegriffen werden (siehe unten).

## Einrichtung einer Index-Datei

Eine Index-Tabelle wird für eine Tabellen-Datei vom dBASE-System aufgebaut, wenn für die im aktuellen Arbeitsbereich angemeldete Tabellen-Datei ein *INDEX ON*-Befehl in der Form

```
INDEX ON schlüsselausdrück TO index-dateiname
```

angegeben wird. Die Tabelle wird in einer *Index-Datei* abgespeichert, deren Name hinter dem Schlüsselwort *TO* aufgeführt ist.

Haben wir etwa die Tabellen-Datei VRTRTR im aktuellen Arbeitsbereich angemeldet, so wird durch die Ausführung des Befehls

```
. INDEX ON V_NR TO VRTRTR
```

die oben angegebene Index-Tabelle gemäß dem Satzschlüssel V_NR aufgebaut und in die Index-Datei VRTRTR.NDX abgespeichert.

Grundsätzlich sind Index-Dateien durch die Namensergänzung "*NDX*" (als Abkürzung für "INDEX") gekennzeichnet. Diese Ergänzung braucht im INDEX ON-Befehl nicht angegeben zu werden, da sie automatisch an den angegebenen Grundnamen angefügt wird.

Als *Schlüsselausdruck* im INDEX ON-Befehl lassen sich numerische, alphanumerische und Datums-Felder aufführen. Mehrere alphanumerische Felder können mit Hilfe des Operators " + " durch

```
feldname-1 + feldname-2 [ + feldname-3 ]...
```

zu einem Schlüsselausdruck aufgebaut werden (maximal 220 Zeichenpositionen sind erlaubt). Ferner lassen sich auch mehrere numerische oder mehrere Datums-Felder sowie verschiedenartige Felder ebenfalls über den Operator " + " zu einem Schlüsselausdruck zusammenfassen, indem geeignete Funktionen zur Bildung von Zeichenketten verwendet werden.

Wollen wir z.B. für die Tabellen-Datei UMSATZ.DBF einen Schlüsselausdruck aus den numerischen Feldern V_NR und A_NR bilden, so führen wir den Ausdruck

```
STR(V_NR,4) + STR(A_NR,2)
```

innerhalb des INDEX ON-Befehls auf. Dabei wandelt die Funktion STR eine numerische in eine alphanumerische Größe um (siehe Anhang A.5).

Wollen wir dagegen die Sätze von UMSATZ.DBF über einen gemeinsamen Satzschlüssel aus Vertreterkennzahl (V_NR), Artikelnummer (A_NR) und Datum (DATUM) eindeutig adressieren können, so richten wir die Index-Datei mit dem Schlüsselausdruck

```
STR(V_NR,4) + STR(A_NR,2) + DTOC(DATUM)
```

ein, wobei die Funktion DTOC einen Datumswert in eine Zeichenkette umwandelt (siehe Anhang A.5).


## Arbeiten mit einer Index-Datei

Nach der Einrichtung der Index-Datei kann die indizierte Tabellen-Datei unmittelbar verarbeitet werden, da sie im aktuellen Arbeitsbereich angemeldet bleibt. Anschließend wird der Zugriff auf die Datensätze gemäß der Ordnung vorgenommen, die durch die eingerichtete Index-Tabelle verabredet ist.

Greifen wir nach der Eingabe von

```
. USE VRTRTR
. INDEX ON V_NR TO VRTRTR
```

auf die Sätze der Tabellen-Datei VRTRTR.DBF zu, so werden sie in der Abfolge im Satzpuffer bereitgestellt, in der sie mit den aufsteigend sortierten Vertreterkennzahlen innerhalb der Index-Tabelle korrespondieren.

So erhalten wir z.B. durch den Aufruf des DISPLAY-Befehls das folgende Ergebnis:

```
. DISPLAY ALL V_NR, V_PROV, V_KONTO
Satznummer  V_NR V_PROV V_KONTO
         3  1215   0.06   50.50
         2  5016   0.05  200.00
         1  8413   0.07  725.15
```

Wie oben angegeben können wir als Schlüsselausdruck für die Tabellen-Datei UMSATZ.DBF den Ausdruck "STR(V_NR,4) + STR(A_NR,2)" vereinbaren, so daß durch

```
. USE UMSATZ
. INDEX ON STR(V_NR,4) + STR(A_NR,2) TO UMSATZ
```

die Index-Datei UMSATZ.NDX eingerichtet und dadurch die Reihenfolge der Datensätze innerhalb der Tabellen-Datei UMSATZ wie folgt festgelegt wird:

```
Index-Tabelle    Datensätze in der Tabellen-Datei UMSATZ.DBF


   121511  4        Satz 1        8413 12 40 24.06.88
   121512  8        Satz 2        5016 22 10 24.06.88
   121513  7        Satz 3        8413 11 70 24.06.88
   501622  2        Satz 4        1215 11 20 25.06.88
   501622  5        Satz 5        5016 22 35 25.06.88
   841311  3        Satz 6        8413 13 35 24.06.88
   841311  9        Satz 7        1215 13  5 24.06.88
   841312  1        Satz 8        1215 12 10 24.06.88
   841313  6        Satz 9        8413 11 20 25.06.88
```

Jetzt kann unmittelbar (ohne vorausgehende Sortierung, wie es am Ende von Abschnitt 7.5 dargestellt wurde) der TOTAL-Befehl

```
. TOTAL ON A_NR TO UMSTZTOT FIELDS A_STUECK
```

ausgeführt werden, da die Sätze von UMSATZ.DBF gemäß der durch die Index-Tabelle festgelegten Sortierfolge nach Vertreternummern und für gleiche Vertreternummern nach Artikelnummern geordnet sind.

Um den Einfluß der Indizierung auf die Ausgabe dieses Reports darzustellen, ändern wir unsere Report-Datei UMSTZSRT.FRM geeignet ab. Dazu geben wir den Befehl

```
. MODIFY REPORT UMSTZSRT
```

ein. Im Hinblick auf die Report-Struktur verabreden wir, daß der Satzgruppenwechsel durch die Vertreterkennzahl und ein diesbzgl. untergeordneter Satzgruppenwechsel (innerhalb der Sätze mit gleicher Vertreterkennzahl) durch die Artikelnummer gesteuert werden soll. In diesem Fall muß das Gruppe-Menü die Eintragungen für einen *zweistufigen* Satzgruppenwechsel in der Form

```
Format          Gruppe          Spalte          Auswahl          Ende    16:18:22
              ┌─────────────────────────────────────────────────────┐
              │ Gruppensumme auf        V_NR                         │
              │ Gruppenüberschrift      Vertreterkennzahl            │
              │ Nur Summen-REPORT       Nein                         │
              │ Gruppen-Seitenvorschub  Nein                         │
              │ Teil-Gruppensumme auf   A_NR                         │
              │ Teil-Gruppenüberschrift Artikelnummer                │
              └─────────────────────────────────────────────────────┘
```

enthalten. Durch die anschließende Ausführung des Befehls

```
. REPORT FORM UMSTZSRT SUMMARY
```

ergibt sich ein Report-Ausdruck, in dem etwa für den Vertreter mit der Vertreternummer 8413 die folgenden Angaben eingetragen sind:

```
** Vertreterkennzahl 8413


* Artikelnummer 11
*Teil-Gruppensumme*

                      90


* Artikelnummer 12
*Teil-Gruppensumme*

                      40


* Artikelnummer 13
*Teil-Gruppensumme*

                      35

** Gruppensumme **

                      165
```

Somit können wir durch eine geeignete Indizierung jeweils eine neue Satzfolge einstellen und damit die Ausgabe entsprechend modifizierter Reports mit geeigneter Summenbildung von Daten aus einer Tabellen-Datei - ohne Änderung der physikalischen Satzfolge - vornehmen lassen.

Gehen wir noch einmal von der unsortierten Tabellen-Datei UMSATZ aus, so können wir zwei verschiedene Summationen etwa durch die folgenden Befehle ausführen lassen:

```
. USE UMSATZ
. INDEX ON A_NR TO UMSATZ
. TOTAL ON A_NR TO UMSTZ1 FIELDS A_STUECK
. INDEX ON STR(V_NR,4) + STR(A_NR,2) TO UMSATZ
. TOTAL ON A_NR TO UMSTZ2 FIELDS A_STUECK
```

Beim ersten TOTAL-Befehl wird über gleiche Artikelnummern - unabhängig von der Vertreterkennzahl - und beim zweiten TOTAL-Befehl über gleiche Artikelnummern für jeden einzelnen Vertreter summiert. Durch den 2. INDEX ON-Befehl wird die Index-Datei UMSATZ.NDX überschrieben (zuvor wird die Erlaubnis eingeholt). Soll die alte Indizierung erhalten bleiben, so müssen wir einen neuen Dateinamen für die Index-Datei verabreden, etwa den Namen UMSATZ2, und den 2. INDEX ON-Befehl in der Form

```
. INDEX ON STR(V_NR,4) + STR(A_NR,2) TO UMSATZ2
```

angeben.

## 8.2 Das Arbeiten mit mehreren Index-Dateien (SET INDEX, SET ORDER, CLOSE, USE)

Für den Zugriff auf eine Tabellen-Datei dürfen *beliebig* viele Index-Dateien eingerichtet werden. Jeder neue INDEX ON-Befehl stellt den Zugriff auf die im aktuellen Arbeitsbereich angemeldete Tabellen-Datei über den innerhalb der aufgebauten Index-Tabelle verabredeten Satzschlüssel ein. Wollen wir den aktuell eingestellten Zugriff auf einen Zugriff *umstellen*, der durch eine zuvor eingerichtete Index-Datei festgelegt wird, so müssen wir den *SET INDEX TO-*Befehl in der Form

```
SET INDEX TO index-dateiname
```

eingeben. Anschließend legt die Index-Datei, deren Name hinter dem Schlüsselwort *TO* aufgeführt ist, den Zugriff auf die Sätze der Tabellen-Datei fest.

Sollen im Hinblick auf mögliche Änderungen innerhalb einer Tabellen-Datei (z.B. Anfügen oder Löschen von Sätzen) alle für die Tabellen-Datei vorhandenen Index-Dateien bereitgehalten werden - *maximal* 7 Index-Dateien können gleichzeitig angemeldet sein und nur diese werden aktualisiert (ansonsten siehe den unten angegebenen REINDEX-Befehl) -, so ist der erweiterte *SET INDEX TO-*Befehl in der Form

```
SET INDEX TO index-dateiname-1 [ , index-dateiname-2 ]...
```

anzugeben. Die Index-Datei, deren Name unmittelbar hinter dem Schlüsselwort TO aufgeführt ist, wird zur *Haupt-Index-*Datei. Nachfolgend wird der Zugriff auf die Sätze der Tabellen-Datei über die in dieser Datei abgespeicherte Index-Tabelle bestimmt. Fügen wir in der Tabellen-Datei etwa einen neuen Satz durch den Einsatz des *APPEND-*Befehls in der Form

```
APPEND [ BLANK ] [ BEFORE ]
```

hinzu, so werden alle (für diese Tabellen-Datei) im aktuellen Arbeitsbereich angemeldeten Index-Dateien aktualisiert.

Soll eine andere als die gegenwärtige Haupt-Index-Datei den Satzzugriff bestimmen, so ist ein neuer SET INDEX TO-Befehl einzugeben oder aber ein *SET ORDER TO-*Befehl in der Form

```
SET ORDER TO ganzzahl
```

zu verwenden, wobei die angegebene ganze Zahl einen Wert zwischen 0 und 7 annehmen darf. Die aufgeführte Nummer bezieht sich auf eine gegenwärtig im aktuellen Arbeitsbereich angemeldete Index-Datei. Sie kennzeichnet diejenige Datei als *neue* Haupt-Index-Datei, deren Position im vorausgehenden SET INDEX TO-Befehl mit der aufgeführten Nummer übereinstimmt. Als Reaktion wird der Name der neuen Haupt-Index-Datei am Bildschirm angezeigt. Wird der Wert 0 angegeben, so ist wieder der standardmäßige Zugriff über die *Satznummer* - und nicht mehr der Zugriff über einen Satzschlüssel - eingestellt.

Wollen wir alle für eine Tabellen-Datei bereitgehaltenen Index-Dateien aus dem aktuellen Arbeitsbereich *abmelden*, weil wir z.B. den Satzzugriff wieder über die Satznummer einstellen wollen, so müssen wir den *CLOSE INDEX*-Befehl in der Form

```
CLOSE INDEX
```

eingeben.

Soll eine Tabellen-Datei und gleichzeitig eine oder mehrere für diese Datei vorhandenen Index-Dateien im aktuellen Arbeitsbereich angemeldet werden, so können wir anstelle der beiden Befehle

```
USE tabellen-dateiname [ ALIAS aliasname ]
SET INDEX TO index-dateiname-1 [ , index-dateiname-2 ]...
```

abkürzend einen *USE*-Befehl mit dem Schlüsselwort *INDEX* in der Form

```
USE tabellen-dateiname [ ALIAS aliasname ]
     INDEX index-dateiname-1 [ , index-dateiname-2 ]...
```

angeben. Sind mehrere Index-Dateien hinter INDEX aufgeführt, so wird die *zuerst* angegebene Datei zur Haupt-Index-Datei bestimmt.

So kann z.B. die Tabellen-Datei UMSATZ durch den Befehl

```
. USE UMSATZ INDEX UMSATZ
```

im aktuellen Arbeitsbereich angemeldet und der Zugriff über die Vertreterkennzahl in Verbindung mit der Artikelnummer eingestellt werden, sofern die Index-Datei UMSATZ.NDX zuvor durch den Befehl

```
. INDEX ON STR(V_NR,4) + STR(A_NR,2) TO UMSATZ
```

eingerichtet wurde.

## 8.3 Direktzugriff über Satzschlüssel (SEEK)

Bei der Anmeldung einer Index-Datei wird der Zugriff auf die im aktuellen Arbeitsbereich angemeldete Tabellen-Datei über denjenigen Satzschlüssel eingestellt, der den Aufbau der in der Index-Datei enthaltenen Index-Tabelle bestimmt hat. Im Satzpuffer wird derjenige Datensatz eingetragen, dessen Satzschlüssel in der Sortierfolgeordnung der *kleinste* unter allen in den Datensätzen abgespeicherten Satzschlüsseln ist. Sind mehrere Sätze mit diesem kleinsten Satzschlüssel in der Tabellen-Datei vorhanden, so enthält der Satzpuffer den Satz mit der kleinsten Satznummer.

Durch mehrmaligen Einsatz des *SKIP*-Befehls in der Form

```
SKIP
```

können wir anschließend den 2., den 3. und jeden weiteren Satz in den Satzpuffer übertragen lassen, wobei die Reihenfolge durch die Angaben in der Index-

Tabelle bestimmt ist. Nach der Ausführung eines SKIP-Befehls enthält der Satzpuffer denjenigen Satz der Tabellen-Datei, der gemäß den Angaben in der Index-Tabelle *hinter* dem zuvor im Satzpuffer enthaltenen Satz abgespeichert ist.

Neben dieser Möglichkeit, die Sätze sequentiell, d.h.gemäß der Sortierfolgeordnung des Satzschlüssels, zur Verarbeitung bereitzustellen, können wir auch *gezielt* auf einzelne Sätze zugreifen. Für diesen Direktzugriff verwenden wir den *SEEK*-Befehl in der Form:

```
SEEK ausdruck
```

Der angegebene Ausdruck muß einen Schlüsselwert festlegen, der vom Beginn der Index-Tabelle an gesucht wird. Als Schlüsselwert dürfen einzelne Werte (Zeichenfolgen sind in Anführungszeichen (") einzufassen), Feldnamen oder durch den Operator "+" verbundene Folgen von alphanumerischen Größen verwendet werden. Ist der gesuchte Satz identifiziert, so wird er im Satzpuffer zur Verarbeitung bereitgestellt.

Sind mehrere Datensätze mit *gleichem* Schlüsselwert vorhanden, so wird der Index sequentiell durchsucht, d.h. es wird zunächst der Satz mit der kleinsten Satznummer im Satzpuffer zur Verarbeitung bereitgestellt. Anschließend lassen sich alle weiteren Sätze mit gleichem Schlüsselwert über den Einsatz des *SKIP*-Befehls nacheinander in den Satzpuffer übertragen.

Ist die Suche erfolglos, weil kein Satz mit dem vorgegebenen Schlüsselwert in der Tabellen-Datei vorhanden ist, so ergibt der Funktionsaufruf "*FOUND()*" (siehe Anhang A.5) den Wahrheitswert ".F.". Diesen Wert können wir z.B. durch den ?-Befehl

```
.?FOUND()
```

am Bildschirm anzeigen lassen.

Beim Einsatz des SEEK-Befehls ist es auch erlaubt, als Suchkriterium einen *abgekürzten* Schlüsselwert aufzuführen, der aus den einleitenden Zeichen des vollständigen Schlüsselwerts besteht.

Führen wir z.B. die Suche in der Tabellen-Datei UMSATZ durch, für die eine Index-Datei UMSATZ.NDX mit dem Schlüsselausdruck "STR(V_NR,4) + STR(A_NR,2)" eingerichtet ist, so können wir etwa den folgenden Dialog führen:

```
. USE UMSATZ INDEX UMSATZ
. DISPLAY
Satznummer  V_NR A_NR A_STUECK DATUM
        4   1215   11       20 25.06.88

. SKIP
Satz-Nr.        8
. DISPLAY
Satznummer  V_NR A_NR A_STUECK DATUM
        8   1215   12       10 24.06.88
```

```
. SEEK "501622"
. DISPLAY
Satznummer  V_NR A_NR A_STUECK DATUM
        2   5016   22        10 24.06.88


. SKIP
Satz-Nr.        5
. DISPLAY
Satznummer  V_NR A_NR A_STUECK DATUM
        5   5016   22        35 25.06.88


. SEEK "8413"
. DISPLAY
Satznummer  V_NR A_NR A_STUECK DATUM
        3   8413   11        70 24.06.88


. SKIP
Satz-Nr.        9
. DISPLAY
Satznummer  V_NR A_NR A_STUECK DATUM
        9   8413   11        20 25.06.88
```

Grundsätzlich ist zu beachten, daß bei der Ausführung eines SEEK-Befehls stets von *Beginn* der Index-Tabelle an gesucht wird. In Fortsetzung des oben angegebenen Dialogs würde somit der Befehl

```
. SEEK "501622"
```

erfolgreich ausgeführt, obwohl der Satz mit dem Schlüsselwert "501622" in der Satzfolge vor dem aktuell im Satzpuffer enthaltenen Satz mit dem Schlüsselwert "841311" angeordnet ist.

Zu beachten ist, daß der oben angegebene Befehl

```
. SEEK "8413"
```

nur dann erlaubt ist, wenn *nicht* auf vollständige Übereinstimmung geprüft werden soll. Somit darf der Befehl

```
SET EXACT ON
```

nicht zuvor eingegeben worden sein (siehe Abschnitt 6.3).

Hätten wir etwa die Tabellen-Datei UMSATZ.DBF nach dem Datum durch

```
. USE UMSATZ
. INDEX ON DATUM TO UMSATZD
```

indexiert, so könnten wir unter Einsatz der Funktion CTOD (siehe Anhang A.5) etwa mit dem Befehl

```
. SEEK CTOD("25.06.88")
```

auf den Bestand zugreifen, so daß der nachfolgende Befehl

```
. DISPLAY
```

zur Ausgabe von

```
Satznummer   V_NR A_NR A_STUECK DATUM
         4   1215   11       20 25.06.88
```

führen würde.

Wählen wir als Schlüsselausdruck die Verbindung von Vertreterkennzahl, Artikelnummer und Datum durch den Befehl

```
. INDEX ON STR(V_NR,4) + STR(A_NR,2) + DTOC(DATUM) TO UMSATZG
```

so führt etwa

```
. SEEK "50162224.06.88"
. DISPLAY
```

zur Ausgabe von:

```
Satznummer   V_NR A_NR A_STUECK DATUM
         2   5016   22       10 24.06.88
```

Anstelle des SEEK-Befehls darf auch der *FIND*-Befehl in der Form

```
FIND { zeichenfolge | zahl }
```

verwendet werden, falls das Suchkriterium entweder eine Zeichenfolge oder eine Zahl (und *keine* Verknüpfung von Operanden) ist.

## 8.4 Aktualisierung von Index-Dateien (REINDEX)

Änderungen in der Satzfolge innerhalb einer Tabellen-Datei, die durch das Löschen bzw. Ergänzen von Sätzen erfolgt sind, werden in einer zugehörigen Index-Datei nur dann vermerkt, wenn diese Index-Datei zum Zeitpunkt der Änderung im aktuellen Arbeitsbereich angemeldet ist. Da nur bis zu *maximal 7 Index*-Dateien gleichzeitig im Arbeitsspeicher bereitgehalten werden können, müssen wir - sofern mehr als 7 Index-Dateien existieren - die restlichen Index-Dateien nachträglich aktualisieren. Dazu melden wir zunächst die bereits veränderten Index-Dateien durch den CLOSE INDEX-Befehl aus dem Arbeitsbereich ab. Anschließend geben wir den SET INDEX TO-Befehl ein und melden dadurch die noch nicht angepaßten Index-Dateien im aktuellen Arbeitsbereich an. Anschließend setzen wir den *REINDEX*-Befehl in der Form

```
REINDEX
```

ein, woraufhin alle Index-Dateien, die zu diesem Zeitpunkt zusammen mit der Tabellen-Datei im aktuellen Arbeitsbereich angemeldet sind, dem Bestand der Tabellen-Datei entsprechend aktualisiert werden.

Aufgaben

Aufgabe 8.1
Indexiere die Tabellen-Dateien geeignet, so daß sich

a)     der Auftragsbestand je Teilenummer (F1),
b)     das Datum und der Termin je Auftrag (F3) und
c)     die einzelnen Teileanzahlen je Auftrag (F4)
       ermitteln lassen.

Für (F1) ist die Index-Datei TEILENR.NDX, für (F3) die Index-Datei NR_AUFTR.NDX und
für (F4) die Index-Datei NR_AUFP.NDX einzurichten!


Aufgabe 8.2
Beantworte die folgenden Fragen!

a)     Welche Aufträge liegen für die Teilenummer 037 vor?
b)     Welches Datum und welcher Termin gehören zum Auftrag mit der Auftragsnummer 418?
c)     Welche Teile sind unter welchen Positionen im Auftrag mit der Nummer 418 bestellt wor
       den?

# 9  Projektion, Verbund und Selektion

## 9.1 Projektion (UNIQUE)

Bei der Entwicklung unseres Datenmodells haben wir die beiden Tabellen ARTIKEL und UMSATZ aus der Tabelle ARTIKEL-UMSATZ durch jeweils eine Projektion abgeleitet (siehe Abschnitt 2.1). Wir wollen jetzt zeigen, wie wir diese *Projektionen* vom dBASE-System durchführen lassen können. Dabei gehen wir davon aus, daß die Tabellen-Dateien ARTIKEL.DBF und UMSATZ.DBF aus einer Tabellen-Datei namens ARTUMS.DBF abzuleiten sind, welche die folgenden Datensätze enthält (siehe Abschnitt 2.1):

```
ARTIKEL-UMSATZ(V_NR,A_NR,A_NAME,    A_PREIS,A_STUECK,DATUM)
               8413 12   Oberhemd    39.80   40       24.06.88
               5016 22   Mantel     360.00   10       24.06.88
               8413 11   Oberhemd    44.20   70       24.06.88
               1215 11   Oberhemd    44.20   20       25.06.88
               5016 22   Mantel     360.00   35       25.06.88
               8413 13   Hose       110.50   35       24.06.88
               1215 13   Hose       110.50    5       24.06.88
               1215 12   Oberhemd    39.80   10       24.06.88
               8413 11   Oberhemd    44.20   20       25.06.88
```

Bei der Projektion von ARTIKEL-UMSATZ auf UMSATZ in der Form

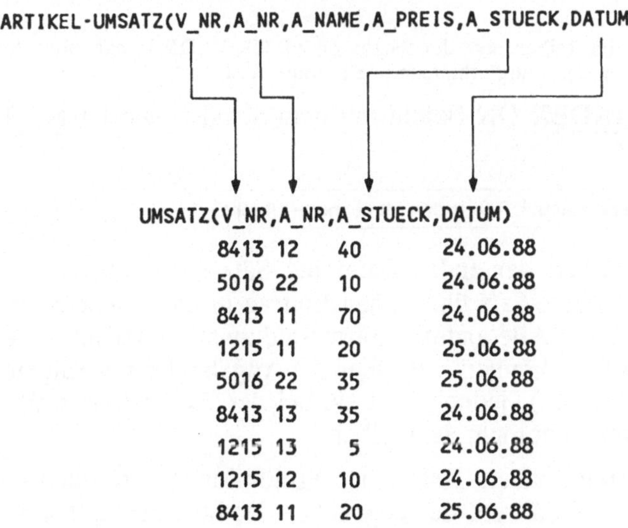

sind die Felder A_NAME und A_PREIS zu löschen, und bei der Projektion von
ARTIKEL-UMSATZ auf ARTIKEL in der Form

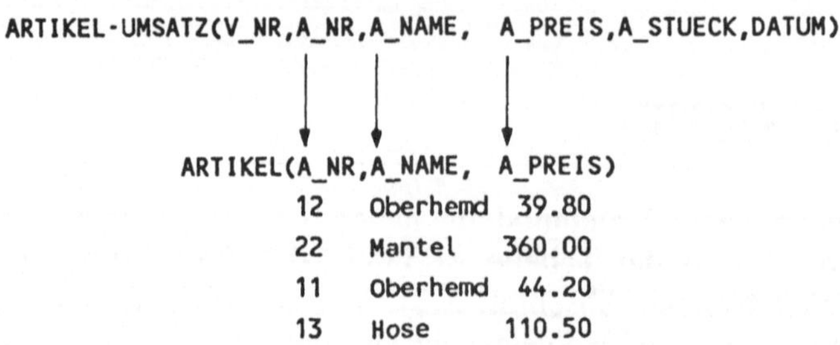

```
ARTIKEL-UMSATZ(V_NR,A_NR,A_NAME,  A_PREIS,A_STUECK,DATUM)



              ARTIKEL(A_NR,A_NAME,  A_PREIS)
                      12   Oberhemd  39.80
                      22   Mantel   360.00
                      11   Oberhemd  44.20
                      13   Hose     110.50
```

sind die Felder V_NR, A_STUECK und DATUM und die Datensätze mit gleichem Satzinhalt zu entfernen. Zur Durchführung der beiden angegebenen Projektionen geben wir die folgenden Befehle ein:

```
. USE ARTUMS
. COPY TO UMSATZ FIELDS V_NR, A_NR, A_STUECK, DATUM
. COPY TO HILFE FIELDS A_NR, A_NAME, A_PREIS
. USE HILFE
. INDEX ON A_NR TO HILFE UNIQUE
. COPY TO ARTIKEL
. ERASE HILFE.DBF
. ERASE HILFE.NDX
```

Der *INDEX ON*-Befehl mit dem Schlüsselwort *UNIQUE* ist erforderlich, um
aus mehreren Sätzen mit gleichem Satzinhalt, wie dies im obigem Beispiel etwa
beim 1. und 8. Satz der Fall ist, nur ein Exemplar in die Tabellen-Datei
ARTIKEL.DBF zu übernehmen.

Hinweis:

Durch die Indizierung wird die Reihenfolge der Sätze von ARTIKEL.DBF gegenüber der oben
angegebenen - durch manuelle Löschung erhaltenen - Satzfolge verändert.

Dabei wird durch den <u>INDEX</u> <u>ON</u>-Befehl mit dem Schlüsselwort <u>UNIQUE</u> in
der Form

```
INDEX ON schlüsselausdruck TO index-dateiname UNIQUE
```

bestimmt, daß beim Aufbau der Index-Datei bei Sätzen mit *gleichem* Satzschlüssel nur der jeweils erste Satz über einen Eintrag in der eingerichteten Index-Tabelle adressierbar ist. Alle anderen Sätze sind zwar weiterhin in der Tabellen-Datei vorhanden (und können z.B. über die Angabe der jeweiligen Satznummer bereitgestellt werden), jedoch sind sie bei der Adressierung über die
eingerichtete Index-Datei nicht mehr auffindbar.

Wie wir beispielhaft gezeigt haben, lassen sich Projektionen durch den Einsatz
des *COPY TO*-Befehls durchführen, der gegenüber der im Abschnitt 4.5 angegebenen Struktur auch die folgende Form besitzen darf:

```
COPY TO tabellen-dateiname [ bereich ]
        [ FIELDS feldname-1 [, feldname-2 ]... ]
        [ WHILE bedingung-1 ] [ FOR bedingung-2 ]
```

Bei einer resultierenden Tabellen-Datei mit zwei oder mehreren identischen Sätzen muß anschließend der INDEX ON-Befehl mit dem Schlüsselwort UNIQUE eingesetzt werden.

## 9.2 Verbund (JOIN)

Wie wir im Abschnitt 2.1 dargestellt haben, läßt sich aus Tabellen-Dateien ein *Verbund* (Join) aufbauen, indem die Datensätze über charakteristische Kennwerte zusammengeführt werden.

Wollen wir z.B. die beiden oben angebenen, durch Projektionen entstandenen Tabellen ARTIKEL und UMSATZ wieder in die Tabelle ARTIKEL-UMSATZ mit zugehöriger Tabellen-Datei ARTUMS.DBF zusammenführen, so müssen wir sie über die Werte von A_NR verbinden und die Tabellenwerte in eine neue Tabellen-Datei ausgeben. Somit bauen wir aus den beiden Tabellen

```
ARTIKEL(A_NR,A_NAME,A_PREIS)     UMSATZ (V_NR,A_NR, A_STUECK,DATUM)
```

gemäß

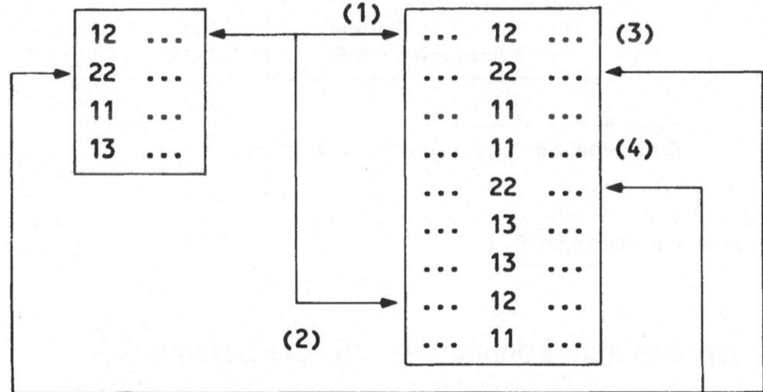

die folgende Tabelle auf:

```
ARTIKEL-UMSATZ(V_NR,A_NR,A_NAME,  A_PREIS,A_STUECK,DATUM)

(1)          8413 12   Oberhemd  39.80   40        24.06.88
(2)          1215 12   Oberhemd  39.80   10        24.06.88
(3)          5016 22   Mantel    360.00  10        24.06.88
(4)          5016 22   Mantel    360.00  35        25.06.88
...
```

Es ist zunächst die Artikelnummer in der 1. Zeile der Tabelle ARTIKEL mit der Artikelnummer in der 1. Zeile der Tabelle UMSATZ zu vergleichen (1).

Da eine Übereinstimmung vorliegt, ist die Tabellenzeile (1) als erste Zeile in der Tabelle ARTIKEL-UMSATZ einzurichten und damit deren Inhalt als erster Datensatz in der Tabellen-Datei ARTUMS.DBF abzuspeichern, wobei das Feld A_NR nur in einfacher Ausfertigung zu übernehmen ist. Anschließend ist die Artikelnummer in der 1. Zeile von ARTIKEL mit der Artikelnummer in der 2. Zeile von UMSATZ zu vergleichen usw. Dies führt bei den nächsten drei Übereinstimmungen auf die Zusammenführungen, die in der oben angegebenen Darstellung durch (2), (3) und (4) gekennzeichnet sind. Der sukzessive Vergleich mit allen Zeilen von UMSATZ ist für jede nachfolgende Zeile von ARTIKEL zu wiederholen, bis schließlich die letzte Zeile von ARTIKEL und die letzte Zeile von UMSATZ überprüft sind.

Bei jeder Übereinstimmung ist eine *neue* Zeile in der Tabelle ARTIKEL-UMSATZ einzurichten und damit ein neuer Satz in die Tabellen-Datei ARTUMS.DBF auszugeben, in dem die Werte aus den Tabellenzeilen von ARTIKEL und UMSATZ enthalten sind.

Um diesen Verbund mit Hilfe des dBASE-Systems vornehmen zu können, muß die Tabellen-Datei ARTIKEL.DBF im aktuellen Arbeitsbereich und die Tabellen-Datei UMSATZ.DBF in einem anderen Arbeitsbereich angemeldet sein.

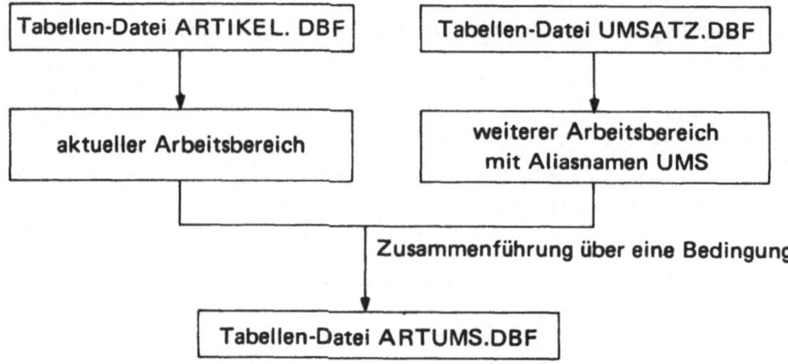


Um diese Anmeldung vorzunehmen, können wir z.B. die Befehle

```
. SELECT 2
. USE UMSATZ ALIAS UMS
. SELECT 1
. USE ARTIKEL
```

ausführen lassen. Dabei wird die Tabellen-Datei ARTIKEL im Arbeitsbereich 1 und die Tabellen-Datei UMSATZ im Arbeitsbereich 2 angemeldet, der durch den Aliasnamen UMS adressierbar ist.

Die oben beschriebene Verbindung der Tabellen ARTIKEL und UMSATZ wird durch die Ausführung des *JOIN*-Befehls in der Form

```
JOIN WITH aliasname TO tabellen-dateiname FOR bedingung
     [ FIELDS feldname-1 [ , feldname-2 ]... ]
```

vorgenommen, den wir in unserem Fall wie folgt eingeben:

```
. JOIN WITH UMS TO ARTUMS FOR A_NR = UMS -> A_NR
```

Eine der beiden zu verbindenden Tabellen-Dateien muß im aktuellen Arbeitsbereich und die andere in einem zweiten Arbeitsbereich angemeldet sein, der über einen Aliasnamen adressiert wird. Die Sätze der beiden Tabellen-Dateien werden über die hinter dem Schlüsselwort FOR aufgeführte Bedingung verbunden und in der Tabellen-Datei abgespeichert, deren Name hinter dem Schlüsselwort TO angegeben ist.

Durch das Schlüsselwort *FIELDS* lassen sich diejenigen Datenfelder auswählen, die in die neue Datensatz-Struktur übernommen werden sollen. Alle Felder, deren Feldnamen nicht hinter FIELDS aufgeführt sind, werden für die neue Struktur nicht berücksichtigt.

Wird das Schlüsselwort FIELDS nicht angegeben, so werden alle Felder (höchstens 128 Felder sind erlaubt) beider Datensätze übernommen - gleichnamige jedoch nur einmal. Dies ist in unserem oben angegebenen Beispiel der Fall, in dem der Verbund über die Bedingung

```
A_NR = UMS -> A_NR
```

erfolgt. Dadurch wird der Inhalt des Felds A_NR, das Bestandteil des aktuellen Satzpuffers ist, und der Inhalt des Felds A_NR aus dem Satzpuffer mit dem Aliasnamen UMS verglichen.

Bei der Ausführung des oben angegebenen JOIN-Befehls werden als Datenfelder von ARTUMS.DBF zuerst die Felder von ARTIKEL und anschließend die Felder von UMSATZ eingerichtet, so daß die resultierende Struktur sich in der Form

```
ARTIKEL-UMSATZ(A_NR,A_NAME,A_PREIS,V_NR,A_STUECK,DATUM)
```

darstellt. Falls die ursprüngliche Reihenfolge gewünscht wird, muß der JOIN-Befehl unter Einsatz des Schlüsselworts *FIELDS* in der Form

```
. JOIN WITH UMS TO ARTUMS FOR A_NR = UMS -> A_NR
     FIELDS V_NR, A_NR, A_NAME, A_PREIS, A_STUECK, DATUM
```

verwendet werden.

## 9.3 Selektion (SET FILTER, CREATE QUERY)

Sollen nicht alle, sondern nur *ausgewählte* Datensätze für eine Bearbeitung bereitgestellt werden, so ist der *SET FILTER TO*-Befehl in der Form

```
SET FILTER TO bedingung
```

anzugeben. Durch die aufgeführte Bedingung sind nur diejenigen Datensätze für die weitere Verarbeitung zugänglich, für die diese Bedingung zutrifft.

So können wir z.B. löschmarkierte Sätze (siehe Abschnitt 6.4) durch

```
. SET FILTER TO .NOT. DELETED()
```

von der nachfolgenden Verarbeitung ausschließen.

Der eingestellte Filter gilt stets solange, bis er durch einen nachfolgenden *SET FILTER TO*-Befehl *ohne* Angabe einer Bedingung in der Form

```
SET FILTER TO
```

aufgehoben oder aber durch einen SET FILTER TO-Befehl mit einer neuen Bedingung abgelöst wird.

Wollen wir etwa nur die Umsatzdaten aus der Tabellen-Datei UMSATZ für den Vertreter mit der Kennzahl 8413 und der Artikelnummer 11 auf dem Bildschirm anzeigen lassen, so geben wir die Befehle

```
. USE UMSATZ
. SET FILTER TO V_NR = 8413 .AND. A_NR = 11
. DISPLAY ALL
```

ein. Die beiden letzten Befehle sind gleichbedeutend mit dem Befehl

```
. DISPLAY ALL FOR V_NR = 8413 .AND. A_NR = 11
```

weil in einem DISPLAY-Befehl (wie auch in anderen Befehlen) die Filterung durch die Angabe des Schlüsselworts *FOR* mit nachfolgender Bedingung ohne einen eigenständig vorangestellten SET FILTER TO-Befehl ermöglicht wird. Allerdings ist in diesem Fall zu beachten, daß diese Filterung nur für diesen DISPLAY-Befehl und nicht - wie in der ersten Form - auch für alle nachfolgenden Befehle gilt.

### Menü-gesteuerte Filterung

Bei der Vereinbarung eines Filters haben wir die Auswahlbedingung bislang innerhalb eines SET FILTER TO-Befehls oder in einer FOR-Angabe formuliert. Darüberhinaus gibt es die Möglichkeit, eine Auswahl durch den Einsatz einer Query-Datei vorzunehmen.

Zur Einrichtung einer *Query-Datei* ist der *CREATE QUERY*-Befehl in der Form

```
CREATE QUERY query-dateiname
```

einzusetzen, durch dessen Ausführung zunächst das "Setze Filter"-Menü angezeigt wird, in dem den Optionen "Feldname", "Operand", "Konstante/ Ausdruck" und "Verbindung" geeignete Werte zuzuweisen sind.

Wollen wir etwa die Bedingung

```
V_NR = 8413 .AND. A_NR = 11
```

als Filterbedingung innerhalb einer Query-Datei vereinbaren, so erhalten wir nach der Eingabe von

```
. USE UMSATZ
. CREATE QUERY AUSWAHL
```

das folgende *"Setze Filter"*-Menü angezeigt, das in seiner Kopfzeile die Namen der zusätzlich möglichen Menüs "Verknüpfung", "Anzeige" und "Ende" enthält:

```
Setze Filter          Verknüpfung           Anzeige          Ende  16:19:24

 Feldname
 Operand
 Konstante/Ausdruck
 Verbindung

 Zeilennummer          1
```

Während wir für die Optionen "Feldname", "Operand" und "Verbindung" die Feldnamen V_NR und A_NR, die Relation "=" und den Operator ".AND." als Werte menü-gesteuert eintragen können, muß das Eingabefeld für die Option "Konstante/Ausdruck" mit den Werten 8413 bzw. 11 über die Tastatur besetzt werden.

Nach dem Wechsel in das *Anzeige-Menü* können wir die Datensätze, welche die Filterbedingung erfüllen, durch die Taste *Bild-Tief* nacheinander am Bildschirm anzeigen lassen und so die Wirksamkeit des Filters kontrollieren. So wird in unserem Fall nach dem Wechsel in das Anzeige-Menü und dem Druck auf die *Return-Taste* der erste Satz in der folgenden Form ausgegeben:

```
Setze Filter          Verknüpfung           Anzeige          Ende  16:20:35

V_NR          8413
A_NR          11
A_STUECK      70
DATUM         24.06.88
```

| Zeile | Feld | Operand | Konstante/Ausdruck | Verbindung |
|-------|------|---------|--------------------|------------|
| 1 | V_NR | Gleich | 8413 | .AND. |
| 2 | A_NR | Gleich | 11 | |
| 3 | | | | |

Nach dem Wechsel in das *Ende-Menü*, in dem die Option "Speichern" voreingestellt ist, betätigen wir die *Return-Taste*. Daraufhin wird die Query-Datei

AUSWAHL.QRY eingerichtet. Bei Query-Dateien wird automatisch die Kennung *"QRY"* (als Abkürzung von "QUERY") an den im CREATE QUERY-Befehl aufgeführten Grundnamen angefügt. Der in AUSWAHL.QRY vereinbarte Filter ist unmittelbar wirksam.

Zur *Deaktivierung* eines Filters können wir den *SET FILTER TO*-Befehl in der Form

```
SET FILTER TO
```

bzw. in der Form

```
SET FILTER TO FILE query-dateiname
```

angeben. Durch den Einsatz des Schlüsselworts FILE wird die alte Filterbedingung durch eine neue Bedingung abgelöst, so daß sich durch diesen Mechanismus mehrere vereinbarte Filter abwechselnd aktivieren lassen.


Aufgaben


Aufgabe 9.1
Führe Projektionen von der in der Tabellen-Datei AUFPOSKD.DBF (siehe Aufgabe 4.2) enthaltenen Tabelle auf Tabellen durch, die in den Tabellen-Dateien P_AUFTR.DBF (Struktur wie AUFTRAG.DBF) und P_AUFPOS.DBF (Struktur wie AUFPOS.DBF) abgespeichert werden!


Aufgabe 9.2
Baue aus den drei Tabellen-Dateien P_AUFTR.DBF, P_AUFPOS.DBF und KUNDE.DBF eine einzige Tabellen-Datei BESTAND.DBF mit sämtlichen Bestandsdaten auf (die in Aufgabe 6.4 angegebene Bestandsergänzung wird nicht berücksichtigt)!


Aufgabe 9.3
Wähle für Recherchen in AUFTRAG.DBF diejenigen Aufträge aus, die nach dem Datum 12.11.87 eingegangen sind, und beantworte die Fragen:

Um wieviele Aufträge handelt es sich, und wieviele dieser Aufträge sollen vor dem 1.2.88 fertig sein?


Aufgabe 9.4
Baue für Recherchen die drei Query-Dateien AUFTRAG1.QRY, AUFTRAG2.QRY und AUFTRAG3.QRY auf, in denen die folgenden Filterbedingungen verabredet sind:

- Datum < = 11.11.87,

- Termin < = 1.2.88, und

- Datum < = 12.11.87 und Termin < = 1.2.88!

Setze diese Filter nacheinander in Verbindung mit der Anweisung

```
. DISPLAY ALL
```

ein!

# 10 Gleichzeitiger Zugriff auf mehrere Tabellen

## 10.1 Herstellen einer Verbindung (SET RELATION TO)

### Verbindung über einen gemeinsamen Schlüsselausdruck

Sollen Datensätze zweier oder mehrerer Tabellen-Dateien gemeinsam verarbeitet werden, so sind die jeweils korrespondierenden Sätze gleichzeitig im Zugriff zu halten.

Wollen wir etwa in der Tabellen-Datei UMSATZ.DBF über die Artikelkennzahl auf einen Satz positionieren und uns den zugehörigen Artikelnamen und den zugehörigen Preis zusammen mit der verkauften Stückzahl auf dem Bildschirm anzeigen lassen, so können wir diese Ausgabe z.B. für den durch die Artikelnummer 11 gekennzeichneten Umsatzdatensatz wie folgt abrufen:

```
. USE UMSATZ ALIAS UMS
. LOCATE FOR A_NR = 11
. SELECT 2
. USE ARTIKEL
. LOCATE FOR A_NR = 11
. DISPLAY A_NAME, A_PREIS, UMS -> A_STUECK
```

Durch den Einsatz des LOCATE-Befehls wird in den beiden Tabellen-Dateien auf den gesuchten Satz positioniert, so daß anschließend die gewünschten Inhalte beider Satzpuffer durch den Einsatz des DISPLAY-Befehls am Bildschirm angezeigt werden können. Diese Zugriffsform, bei der ein eigenständiger Befehl zur Füllung eines zweiten Satzpuffers angegeben werden muß, kann durch den Einsatz des <u>SET RELATION TO</u>-Befehls in der Form

```
SET RELATION TO schlüsselausdruck INTO aliasname
```

vereinfacht werden. Durch diesen Befehl wird die Tabellen-Datei, die im aktuellen Arbeitsbereich angemeldet ist (sie muß nicht indiziert sein), in Beziehung gesetzt zu einer zweiten Tabellen-Datei, die samt einer ihr zugeordneten Index-Datei in einem anderen Arbeitsbereich angemeldet ist:

Der Satzschlüssel der angemeldeten Index-Datei, die zur über den Aliasnamen adressierbaren Tabellen-Datei gehört, muß genau <u>dieselbe</u> Struktur haben, wie der im SET RELATION TO-Befehl aufgeführte Schlüsselausdruck. In dieser Situation wird für jeden in den aktuellen Satzpuffer übertragenen Satz *automatisch* (bei eindeutigem Satzschlüssel) der zugehörige bzw. (bei mehrdeutigem Satzschlüssel) der erste korrespondierende Satz in dem durch den Aliasnamen gekennzeichneten Satzpuffer bereitgestellt, dessen Satzschlüssel mit dem Wert des Schlüsselausdrucks innerhalb des aktuellen Satzpuffers übereinstimmt.

So können wir die oben angegebene Befehlsfolge wie folgt abändern (sofern für die Tabellen-Datei ARTIKEL.DBF die Index-Datei ARTIKEL.NDX bereitsteht, bei deren Einrichtung das Feld A_NR als Satzschlüssel verabredet wurde):

```
. SELECT 2
. USE ARTIKEL INDEX ARTIKEL ALIAS ART
. SELECT 1
. USE UMSATZ
. SET RELATION TO A_NR INTO ART
. LOCATE FOR A_NR = 11
. DISPLAY ART -> A_NAME, ART -> A_PREIS, A_STUECK
```

Die Tabellen-Datei UMSATZ ist im aktuellen Arbeitsbereich mit der Nummer 1 angemeldet und durch den SET RELATION TO-Befehl mit der im Arbeitsbereich 2 angemeldeten Tabellen-Datei ARTIKEL verbunden. Dadurch wird bei der Ausführung des LOCATE-Befehls nicht nur der (erste) Satz mit der Kennzahl 11 im aktuellen Arbeitsbereich bereitgestellt, sondern auch gleichzeitig der mit diesem Satz korrespondierende Datensatz aus der Tabellen-Datei ARTIKEL.DBF automatisch in den Satzpuffer 2 übertragen. In dieser Situation wird durch den Befehl

```
. DISPLAY STATUS
```

die folgende Information am Bildschirm angezeigt:

```
Aktuell selektierte Datenbank
Arbeitsbereich: 1, Datenbank eröffnet: A:UMSATZ.dbf Alias: UMSATZ
              verknüpft mit: ART
              Verknüpfung  : A_NR


Arbeitsbereich: 2, Datenbank eröffnet: A:ARTIKEL.dbf Alias: ART
        Haupt Index-Datei: A:ARTIKEL.ndx  Schlüssel: A_NR


Datei-Suchpfad:
Aktuelles Laufwerk   : A:
Ziel für Druckausgabe: PRN:
Rand =     0
Aktueller Arbeitsbereich =    1 Begrenzungszeichen sind '<' und '>'
```

Ist der in der Index-Datei enthaltene Satzschlüssel <u>nicht</u> eindeutig, so wird der jeweils erste korrespondierende Satz, d.h. der Satz mit der kleinsten Satznummer, im Satzpuffer bereitgestellt. Wird für einen Satzschlüssel *kein* korrespondierender Satz gefunden, so kann dies über den Funktionsaufruf *"EOF()"* abgefragt werden, der in dieser Situation den Wert ".T." liefert.

Sind für die Tabellen-Datei, zu der eine Verbindung über den SET RELATION TO-Befehl hergestellt werden soll, mehrere Index-Dateien im zugehörigen Arbeitsbereich angemeldet, so wird die Verbindung über die Haupt-Index-Datei hergestellt.

Beim Einsatz des SET RELATION TO-Befehls ist zu beachten, daß jeder Arbeitsbereich jeweils *nur* mit einem, niemals aber mit mehreren anderen Arbeitsbereichen verbunden werden darf. Erlaubt sind somit Kettenbildungen wie etwa:

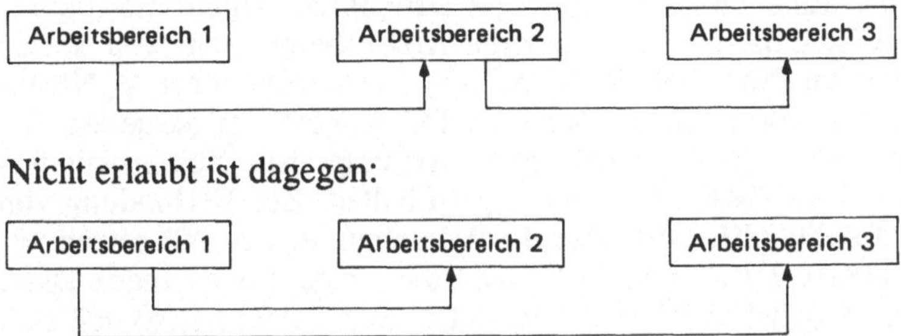


Nicht erlaubt ist dagegen:



Soll die Verbindung vom aktuellen zu einem anderen Arbeitsbereich wieder aufgehoben werden, so müssen wir den *SET RELATION TO*-Befehl in der Form

```
SET RELATION TO
```

eingeben.


## Verbindung über eine Satznummer

Neben der Möglichkeit, mit Hilfe des SET RELATION TO-Befehls eine Verbindung zu einem anderen Arbeitsbereich über einen gemeinsamen Schlüsselausdruck herzustellen, läßt sich der *SET RELATION TO*-Befehl auch in der Form

```
SET RELATION TO ( RECNO() | numerischer-ausdruck )
      INTO aliasname
```

verwenden. In diesem Fall darf für den durch den Aliasnamen gekennzeichneten Arbeitsbereich *keine* Index-Datei angemeldet sein. Es wird nämlich - bei Angabe des Funktionsaufrufs *RECNO()* - für einen im aktuellen Satzpuffer bereitgestellten Satz die Satznummer bzw. - bei der Angabe von "*numerischer-ausdruck*" - der Wert des aufgeführten numerischen Ausdrucks (wie z.B. "2 * RECNO() - 1") ermittelt. Anschließend wird derjenige Datensatz aus der anderen Tabellen-Datei im zugehörigen Satzpuffer bereitgestellt, dessen Satznummer in dieser Weise bestimmt ist.


## 10.2 Aktualisierung des Bestands (UPDATE)

Als weiteres Anwendungsbeispiel für die Möglichkeit, Arbeitsbereiche automatisch verbinden zu können, wollen wir den Kontostand V_KONTO innerhalb der Tabellen-Datei VRTRTR.DBF durch die Satzinhalte der Tabellen-Datei UMSATZ.DBF aktualisieren lassen.

Dazu melden wir die Tabellen-Datei VRTRTR.DBF im aktuellen und die Tabellen-Datei UMSATZ.DBF in einem anderen Arbeitsbereich an. Wir setzen voraus, daß die Tabellen-Datei VRTRTR nach der Vertreternummer V_NR *indiziert* ist und die zugehörige Index-Datei VRTRTR.NDX im aktuellen Arbeitsbereich angemeldet ist. Zur Ermittlung des Artikelpreises müssen wir ferner die Tabellen-Datei ARTIKEL.DBF im Zugriff halten. Zur Verbindung von UMSATZ.DBF und ARTIKEL.DBF über die Artikelnummer A_NR setzen wir voraus, daß ARTIKEL.DBF indiziert und die zugehörige Index-Datei ARTIKEL.NDX im Arbeitsbereich von ARTIKEL angemeldet ist, so daß sich die Arbeitsbereiche insgesamt so darstellen:

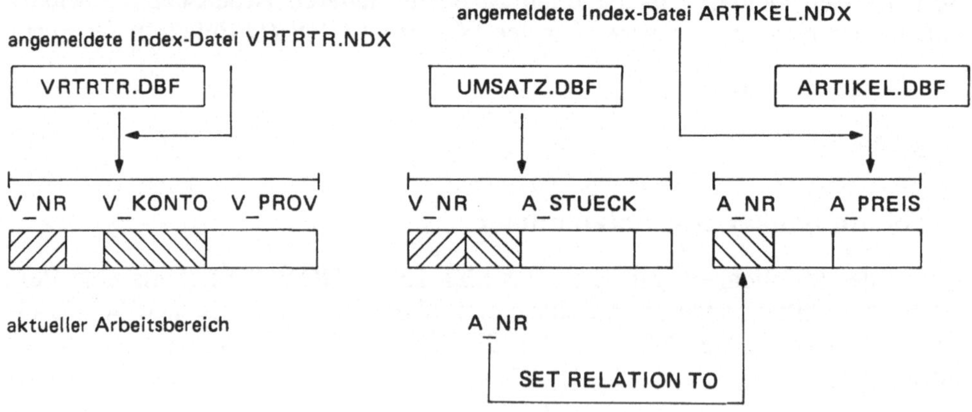


Jetzt kann für jeden Satz von UMSATZ auf den zugehörigen Artikelpreis zugegriffen und der jeweils neue Kontostand durch den arithmetischen Ausdruck (siehe Abschnitt 5.3)

```
V_KONTO + UMSATZ -> A_STUECK * ARTIKEL -> A_PREIS * V_PROV
```

ermittelt werden.

Um die Aktualisierung aller Kontostände durch eine kumulative Summation
über jeweils alle Umsatzdatensätze pro Vertreter ermitteln und die resultierenden Kontostände als neue Satzinhalte von VRTRTR.DBF *automatisch* zuweisen
zu können, läßt sich der *UPDATE*-Befehl in der folgenden Form einsetzen:

```
. UPDATE RANDOM ON V_NR FROM UMSATZ REPLACE V_KONTO WITH
     V_KONTO + UMSATZ -> A_STUECK * ARTIKEL -> A_PREIS * V_PROV
```

Die Ausführung der insgesamt erforderlichen Befehlsfolge

```
. SELECT 3
. USE ARTIKEL INDEX ARTIKEL
. SELECT 2
. USE UMSATZ
. SET RELATION TO A_NR INTO ARTIKEL
. SELECT 1
. USE VRTRTR INDEX VRTRTR
. UPDATE RANDOM ON V_NR FROM UMSATZ REPLACE V_KONTO WITH
     V_KONTO + UMSATZ -> A_STUECK * ARTIKEL -> A_PREIS * V_PROV
```

liefert die Meldung

```
9 Sätze aktualisiert
```

und für die Tabellen-Datei VRTRTR.DBF das folgende Ergebnis:

```
VRTRTR (V_NR, V_NAME,          V_ANSCH,                   V_PROV, V_KONTO)
       8413 Meyer, Emil     Wendeweg 10, 2800 Bremen   0.07   1385.78
       5016 Meier, Franz    Kohlstr. 1, 2800 Bremen    0.05   1010.00
       1215 Schulze, Fritz  Gemüseweg 3, 2800 Bremen   0.06    160.57
```

Wir heben hervor, daß die Tabellen-Datei UMSATZ.DBF weder nach den
Vertreternummern indiziert noch sortiert ist. Deshalb haben wir im oben angegebenen *UPDATE*-Befehl, der gemäß der Syntax

```
UPDATE [ RANDOM ] ON schlüsselfeld FROM aliasname
    REPLACE feldname-1 WITH ausdruck-1
        [, feldname-2 WITH ausdruck-2]...
```

aufgebaut sein muß, das Schlüsselwort *RANDOM* angegeben.

Ein *Fehlen* des Worts RANDOM setzt nämlich voraus, daß die zu aktualisie-
rende Tabellen-Datei - in unserem Fall VRTRTR.DBF - entweder nach dem
Schlüsselfeld sortiert oder aber so indiziert ist, daß auf ihre Sätze aufsteigend
nach dem Schlüsselfeld, das innerhalb des UPDATE-Befehls angegeben ist, zugegriffen werden kann.

Um den Einsatz des Befehls UPDATE *ohne* das Schlüsselwort RANDOM zu
demonstrieren, unterstellen wir, daß die über den Vertreternamen und die Artikelnummer in der Form

```
STR(V_NR,4) + STR(A_NR,2)
```

indizierte   Tabellen-Datei   UMSATZ   (mit   der   zugehörigen   Index-Datei
UMSATZ.NDX) durch

```
. USE UMSATZ INDEX UMSATZ
```

im Arbeitsbereich 2 angemeldet ist. Jetzt kann die Ausführungszeit des UP-
DATE-Befehls reduziert werden, sofern wir diesen Befehl - ohne das Wort
RANDOM - in der Form

```
. UPDATE ON V_NR FROM UMSATZ REPLACE V_KONTO WITH
    V_KONTO + UMSATZ -> A_STUECK * ARTIKEL -> A_PREIS * V_PROV
```

eingeben.

## 10.3 Speicherung und Bereitstellung einer Arbeitsumgebung (CREATE VIEW, SET VIEW TO)

Bevor wir in unserem oben angegebenen Beispiel den UPDATE-Befehl eingeben konnten, mußten wir die für die Aktualisierung erforderlichen Tabellen-
Dateien und ihre zugehörigen Index-Dateien in geeigneten Arbeitsbereichen
anmelden und die benötigten Verbindungen über den SET RELATION TO-Befehl herstellen. Bei oftmalig wiederholtem  Einsatz des UPDATE-Befehls ist es
zu aufwendig, den Arbeitsrahmen stets erneut über die Tastatur einzugeben.
Deshalb sichern wir die Beschreibung der aktuellen Arbeitsumgebung - als Ge-
samtsicht (view) - durch den Einsatz des Befehls *CREATE VIEW* in der Form

```
CREATE VIEW view-dateiname FROM ENVIRONMENT
```

in einer *View-Datei*, die anschließend durch den *SET VIEW TO*-Befehl in der
Form

```
SET VIEW TO view-dateiname
```

jederzeit aktiviert werden kann.

In unserem Fall geben wir somit nach den Befehlen

```
. SELECT 3
. USE ARTIKEL INDEX ARTIKEL
. SELECT 2
. USE UMSATZ
. SET RELATION TO A_NR INTO ARTIKEL
. SELECT 1
. USE VRTRTR INDEX VRTRTR
```

den Befehl

```
. CREATE VIEW UPDATE FROM ENVIRONMENT
```

ein. Daraufhin sind in der View-Datei UPDATE.VUE - View-Dateien erhalten
automatisch die Namensergänzung *"VUE"* - die Angaben über die Anmeldun-

gen in den Arbeitsbereichen 1, 2 und 3 und die Art der Verbindung von Arbeitsbereich 2 zu Arbeitsbereich 3 abgespeichert.

Anschließend können wir - etwa zu Beginn eines neuen Dialogs mit dem dBASE-System - die ursprüngliche Arbeitsumgebung durch den SET VIEW TO-Befehl

```
. SET VIEW TO UPDATE
```

wiederherstellen und unmittelbar nach diesem Befehl den folgenden UPDATE-Befehl eingeben:

```
. UPDATE RANDOM ON V_NR FROM UMSATZ REPLACE V_KONTO WITH
        V_KONTO + UMSATZ -> A_STUECK * ARTIKEL -> A_PREIS * V_PROV
```

Hinweis:

In CONFIG.DB kann eine View-Datei angegeben werden, deren Inhalt beim Start des dBASE-Systems als aktuelle Arbeitsumgebung bereitgestellt wird (siehe Anhang A.3).

Den Aufbau einer View-Datei können wir auch interaktiv vornehmen, indem wir durch den Befehl *CREATE VIEW* in der Form

```
    CREATE VIEW view-dateiname
```

die zugehörigen Menüs zur Bestimmung der Arbeitsumgebung anfordern.

In unserem Fall erhalten wir nach der Eingabe von

```
. CREATE VIEW UPDATE
```

das "*DBF Auswahl*"-Menü angezeigt, in dessen Kopfzeile die weiteren Menü-Namen "Relationen", "Felder auswählen", "Option" und "Ende" aufgeführt sind. In dem "DBF Auswahl"-Menü wählen wir für die Anmeldung im Arbeitsbereich 1 die Tabellen-Datei VRTRTR.DBF und unmittelbar anschließend durch ein Unter-Menü die zugehörige Tabellen-Datei VRTRTR.NDX aus, was wie folgt am Bildschirm angezeigt wird:

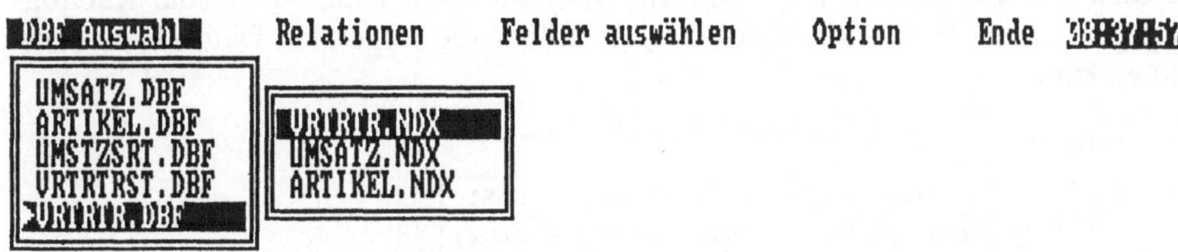


Entsprechende Angaben machen wir für die Arbeitsbereiche 2 und 3 bzgl. der Tabellen-Dateien UMSATZ und ARTIKEL samt der ihnen zugeordneten Index-Datcicn.

Zur Verbindung von Arbeitsbereich 2 und 3 verzweigen wir in das *Relationen-Menü*, wählen dort zuerst UMSATZ.DBF und danach ARTIKEL.DBF aus und lassen uns die - zur Angabe des Schlüsselausdrucks - möglichen Feldnamen durch die *F10-Taste* anzeigen. Nach der Auswahl von A_NR als Satzschlüssel zur Verarbeitung von UMSATZ.DBF und ARTIKEL.DBF wechseln wir ins *Ende-Menü*, in dem die Option "Sichern" voreingestellt ist. Durch die Return-Taste wird die View-Datei UPDATE.VUE eingerichtet, und die in ihr enthaltenen Angaben werden zusätzlich zum Aufbau der aktuellen Arbeitsumgebung ausgewertet, so daß - auch ohne einen SET VIEW-Befehl - unmittelbar anschließend die gewünschte Auswertung mit dem UPDATE-Befehl durchgeführt werden kann. Dabei ist allerdings zu beachten, daß der *Arbeitsbereich 1* zuvor durch

```
. SELECT 1
```

eingestellt werden muß, da wir im "DBF Auswahl"-Menü zuletzt die Tabellen-Datei ARTIKEL für den *Arbeitsbereich 3* ausgewählt haben.

Sollen die innerhalb der von uns eingerichteten View-Datei getroffenen Vereinbarungen nicht unmittelbar wirksam werden, so ist ein *CLOSE DATABASES*-Befehl in der Form

```
CLOSE DATABASES
```

einzugeben, durch den alle angemeldeten Tabellen-Dateien samt ihrer zugehörigen Index-Dateien - inklusive evtl. zusätzlich angemeldeter Format-Dateien - aus den Arbeitsbereichen abgemeldet werden.


## 10.4   Einrichtung und Aktivierung eines Katalogs (SET CATALOG TO)

Um einen zusammenfassenden Überblick über die gesamte Datenbasis und die zugehörigen Bearbeitungs- und Beschreibungs-Dateien (dies sind Index-, Format-, Label-, Report-Format-, Screen-, Query- und View-Dateien) zu haben, können wir die Namen aller von uns eingerichteten Dateien in eine Katalog-Datei eintragen lassen, die somit Angaben über die folgenden Datei-Typen enthalten kann:

```
Katalog-
Datei
(CAT)       - View-      - Tabellen-Datei (DBF)
            Datei (VUE): - Index-Datei(en) (NDX)
                         - Format-Datei (FMT)
                         - Screen-Datei (SCR)
                         - Query-Datei (QRY)
                         - DBT-Datei für Memo-
                           einträge (DBT)

            - Label-Datei (LBL)
            - Report-Format-Datei (FRM)
```

Auf einen derartigen Katalog gestützt, läßt sich der Zugriff auf eine Datei mit Hilfe des Zeichens "*?*" menü-orientiert anfordern, etwa die Anmeldung einer Tabellen-Datei durch

```
. USE ?
```

und die Anmeldung einer zugehörigen Index-Datei durch:

```
. SET INDEX TO ?
```

Der jeweils gewünschte Dateiname läßt sich durch das (nach der Befehlseingabe) angezeigte Menü auswählen.

Zur Einrichtung einer Katalog-Datei müssen wir den *SET CATALOG TO*-Befehl in der Form

```
SET CATALOG TO katalog-dateiname
```

eingeben, woraufhin die Anfrage

```
Erzeugen einer neuen CATALOG-Datei (J/N)
```

mit "J" beantwortet werden muß. Anschließend wird ein Text zur zusätzlichen Kennzeichnung dieser Katalog-Datei angefragt, dessen Eingabe durch die Bildschirmausgabe von

```
CATALOG-Datei ist leer
```

quittiert wird.

Die Katalog-Datei, die automatisch die Namensergänzung "CAT" (als Abkürzung für "CATALOG") erhält, wird im *Arbeitsbereich 10* (unter dem Aliasnamen CATALOG) angemeldet. Sie besitzt die Struktur einer Tabellen-Datei mit Datenfeldern, in denen bei der Katalogisierung einer Datei bestimmte Kenngrößen wie etwa Dateiname, Dateityp und Titel zur Beschreibung des Dateiinhalts automatisch als Datensatzinhalte eingetragen werden.

Geben wir etwa den Befehl

```
. SET CATALOG TO VTRUMS
```

ein, so wird die Katalog-Datei VTRUMS.CAT eingerichtet und im Arbeitsbereich 10 als aktuelle Katalog-Datei angemeldet. Alle Kennwerte der fortan im jeweils aktuellen Arbeitsbereich angemeldeten Tabellen- und zugehörigen Bearbeitungs- oder Beschreibungs-Dateien werden automatisch in die Katalog-Datei VRTUMS.CAT aufgenommen, wobei jeweils eine maximal 80 Zeichen umfassende Titeleingabe von der Tastatur angefordert wird.

So führt z.B. die im Abschnitt 10.3 angegebene Befehlsfolge

```
. SELECT 3
. USE ARTIKEL INDEX ARTIKEL
. SELECT 2
. USE UMSATZ
. SET RELATION TO A_NR INTO ARTIKEL
. SELECT 1
. USE VRTRTR INDEX VRTRTR
```

zu den Katalogeinträgen der Dateien ARTIKEL.DBF, ARTIKEL.NDX, UMSATZ.DBF, VRTRTR.DBF und VRTRTR.NDX, und der nachfolgend eingegebene Befehl

```
. CREATE VIEW UPDATE FROM ENVIRONMENT
```

zur Ergänzung des Katalogs um den Eintrag des Dateinamens UPDATE.VUE.

Sollen *keine* Neueinträge mehr in die Katalog-Datei aufgenommen werden, so ist der *SET CATALOG*-Befehl mit dem Schlüsselwort OFF in der Form

```
SET CATALOG OFF
```

einzugeben. In diesem Fall ist der Katalog weiterhin *nutzbar*, etwa durch die Eingabe von:

```
. USE ?
```

Sollen im weiteren Dialog *neue* Angaben in die inaktive Katalog-Datei eingetragen werden, so müssen wir den Katalog durch den *SET CATALOG*-Befehl mit dem Schlüsselwort *ON* in der Form

```
SET CATALOG ON
```

reaktivieren.

Wollen wir den Katalog schließen (die Katalog-Datei wird aus dem Arbeitsbereich 10 abgemeldet) und fortan *ohne* Katalogunterstützung arbeiten, so müssen wir den *SET CATALOG*-Befehl in der Form

```
SET CATALOG TO
```

eingeben. Anschließend können wir eine *erneute* Anmeldung durch den Befehl

```
SET CATALOG TO katalog-dateiname
```

bzw. durch den Befehl

```
SET CATALOG TO ?
```

vornehmen, wobei die Katalogauswahl menü-gestützt erfolgt.

Grundsätzlich lassen sich mehrere Kataloge einrichten, wobei die Namen der zugehörigen Katalog-Dateien in einer *Zentralkatalog-Datei* namens *CATALOG.CAT* abgespeichert werden. Die Datei CATALOG.CAT wird mit dem erstmaligen Aufbau einer Katalog-Datei auf dem eingestellten Standardlaufwerk eingerichtet.

Wird eine Katalog-Datei zur Bearbeitung angemeldet, so prüft das dBASE-System zunächst die *Konsistenz* des Katalogs. Dabei werden alle diejenigen Katalogeinträge gestrichen, bei denen ein Verweis auf eine nicht mehr auf dem externen Speicher vorhandene Datei vorliegt. Deshalb ist sicherzustellen, daß z.B. eine mit Hilfe des *ERASE*-Befehls in der Form

```
ERASE dateiname
```

durchgeführte Löschung einer Datei oder mit Hilfe des *RENAME*-Befehls in der
Form

```
RENAME dateiname-alt TO dateiname-neu
```

ausgeführte *Umbenennung* eines Dateinamens nur dann erfolgt, wenn derjenige
Katalog angemeldet ist, der den jeweiligen Dateinamen als Eintrag enthält.


Aufgaben


Aufgabe 10.1

Indiziere die Tabellen-Datei KUNDE.DBF nach der Kundennummer und richte dazu die Index-
Datei KUNDE.NDX ein, damit die folgende Anforderung erfüllt werden kann:

-       Ermittlung der Kundendaten je Auftrag (F5)!

Anschließend sind die Kundendaten für den Auftrag mit der Nummer 417 zu ermitteln!


Aufgabe 10.2

Richte die View-Datei AUFTRAG.VUE ein, so daß alle drei Tabellen-Dateien im Zugriff sind
und die Fragen F1, F3, F4 und F5 (siehe Aufgabe 8.1 und Aufgabe 10.1) beantwortet werden
können!


Aufgabe 10.3

Es ist eine Katalog-Datei namens AUFTRAG.CAT aufzubauen mit Einträgen für alle von uns
bislang verwendeten Tabellen- und Bearbeitungs-Dateien mit den Ergänzungen "DBF", "NDX",
"FMT", "LBL", "FRM" und "SCR".

# 11 Befehls- und Prozedur-Dateien

## 11.1 Einrichtung einer Befehls-Datei (MODIFY COMMAND)

Bislang haben wir im Dialog mit dem dBASE-System Befehl für Befehl über die Tastatur eingegeben, so daß sich unser bisheriges *sequentielles* Arbeiten durch das folgende Schema kennzeichnen läßt:

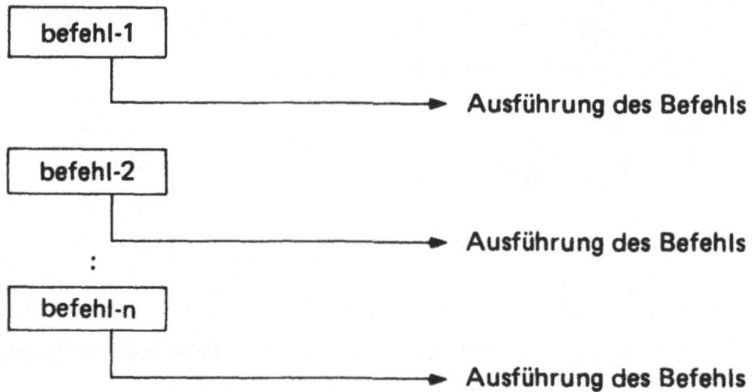


Dieses Vorgehen ist sinnvoll, solange die Befehle nur einmalig auszuführen sind. Sollen jedoch Befehle - wie etwa die im Abschnitt 10.2 angegebene Befehlsfolge zur Veränderung der Tabellen-Datei VRTRTR.DBF - *wiederholt* durchlaufen werden, so ist es wünschenswert, daß die gesamte Befehlsfolge gespeichert und bei Bedarf zur Ausführung gebracht werden kann. Dazu muß die Befehlsfolge als Programm in eine *Programm-Datei* - diese wird Befehls- oder Prozedur-Datei genannt - eingetragen werden, von wo sie sich durch einen DO-Befehl abrufen läßt (siehe unten). Diese Verarbeitungsform können wir wie folgt skizzieren:

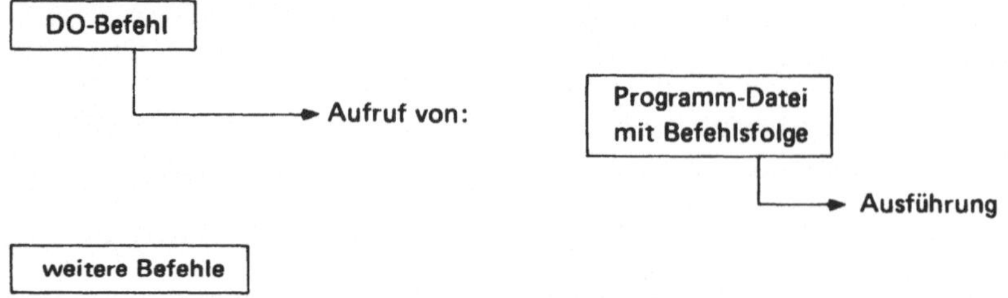


Die einfachste Form einer Programm-Datei ist eine *Befehls-Datei*. Sie wird durch den *MODIFY COMMAND*-Befehl in der Form

```
MODIFY COMMAND befehls-dateiname
```

eingerichtet. Befehls-Dateien sind durch die Namensergänzung "*PRG*" (als Abkürzung für "PROGRAM") gekennzeichnet. Wird diese Ergänzung innerhalb des MODIFY COMMAND-Befehls nicht angegeben, so wird "PRG" automatisch an den Grundnamen angefügt.

Bei der Ausführung des *MODIFY COMMAND*-Befehls wird das *dBASE-Editierprogramm* gestartet, mit dem sich die Befehle zeilenweise in die Befehls-Datei eintragen lassen (siehe Anhang A.6).

Hinweis:

Das standardmäßig aufgerufene Editierprogramm kann durch ein anderes Programm - wie etwa WORD - ersetzt werden (siehe Anhang A.3).

Um die im Abschnitt 10.2 angegebene Befehlsfolge zur Veränderung von VRTRTR.DBF für wiederholte Ausführungen bereitzustellen, richten wir durch den Befehl

```
. MODIFY COMMAND UPDATE
```

die Befehls-Datei UPDATE.PRG ein und tragen dort die folgenden Zeilen ein:

```
SELECT 3
USE ARTIKEL INDEX ARTIKEL
SELECT 2
USE UMSATZ
SET RELATION TO A_NR INTO ARTIKEL   && Verbinden der
* Tabellen-Datei UMSATZ.DBF mit der Tabellen-Datei
* ARTIKEL.DBF
SELECT 1
USE VRTRTR INDEX VRTRTR
UPDATE RANDOM ON V_NR FROM UMSATZ REPLACE V_KONTO WITH;
   V_KONTO + UMSATZ -> A_StUECK * ARTIKEL -> A_PREIS * V_PROV
* Durch diese Befehlsfolge wird der Kontostand innerhalb
* der Tabellen-Datei VRTRTR.DBF durch die Sätze der
* Tabellen-Datei UMSATZ.DBF - unter Zugriff auf den
* Artikelpreis, gespeichert in der Tabellen-Datei
* ARTIKEL.DBF - aktualisiert.
*
* Wir unterstellen, daß alle Dateien in der von uns
* verabredeten Strukturierung vorhanden sind.
```

Wir haben die angegebenen Befehlszeilen nicht mit dem Prompt ". " eingeleitet, da diese Zeichenfolge allein die Funktion besitzt, im Dialog mit dem dBASE-System zur Befehlseingabe aufzufordern. Damit die in der Befehls-Datei enthaltene Befehlsfolge durch eine im Dialog gestellte Anforderung (siehe den unten angegebenen DO-Befehl) zur Ausführung gebracht werden kann, müssen die Befehle in den Zeilen einer Befehls-Datei eingetragen sein. Dabei ist zu beachten, daß jeder Befehl in einer *neuen* Zeile begonnen wird.

Innerhalb der Befehlszeilen haben wir die Gesamtleistung der Befehlsfolge und die Wirkung des SET RELATION TO-Befehls durch erläuternde Texte - *Kommentare* genannt - beschrieben. Enthält die gesamte Zeile einen Kommentar, so ist dieser Text durch das Zeichen "*" einzuleiten. Ein Kommentar darf auch am Ende einer Befehlszeile - hinter dem Befehlstext - angegeben werden. In diesem Fall sind die beiden Zeichen "&&" zur Trennung des Befehls- und des Kommentar-Textes einzutragen.

## 11.2 Ausführung einer Befehls-Datei (DO)

Nach der Einrichtung einer Befehls-Datei kann deren Inhalt jederzeit durch den Einsatz eines *DO*-Befehls in der Form

```
DO befehls-dateiname
```

ausgeführt werden.

So können wir z.B. für die oben eingerichtete Befehls-Datei UPDATE.PRG die Ausführung der dort enthaltenen Befehle durch den Befehl

```
. DO UPDATE
```

abrufen. Durch einen DO-Befehl wird der Inhalt einer Befehls-Datei in den Hauptspeicher geladen und dort Befehl für Befehl ausgeführt. Ist die Bearbeitung des letzten Befehls beendet und das Dateiende der Befehls-Datei erreicht, so wird die Befehls-Datei von der Verarbeitung *abgemeldet*. Anschließend meldet sich das dBASE-System und fordert zur nächsten Befehlseingabe auf.

Soll z.B. in regelmäßig wiederkehrender Abfolge eine Druckausgabe der Umsätze von Artikeln vorgenommen werden, so können wir etwa durch den Befehl

```
. MODIFY COMMAND UMSART
```

die Befehls-Datei UMSART.PRG einrichten und dort die Befehlsfolge

```
SELECT 2
USE ARTIKEL INDEX ARTIKEL ALIAS ART
SELECT 1
USE UMSATZ
SET RELATION TO A_NR INTO ART
DISPLAY ALL V_NR, ART -> A_NAME, ART -> A_PREIS, A_STUECK ;
        TO PRINT
* Durch diese Befehlsfolge werden die Umsatzdaten auf einem
* Drucker ausgegeben.
* Wir unterstellen, daß die Datei in der von uns
* verabredeten Struktur zur Verfügung steht.
```

eintragen, so daß sich deren Ausführung durch den Befehl

```
. DO UMSART
```

abrufen läßt.

## 11.3 Die Arbeit mit Prozedur-Dateien (SET PROCEDURE)

Wollen wir den Inhalt einer oder mehrerer Befehls-Dateien wechselseitig wiederholt zur Ausführung bringen, so müssen wir in Kauf nehmen, daß der Inhalt einer Befehls-Datei vor ihrer Ausführung stets *erneut* in den Hauptspeicher übertragen werden muß. Wegen dieses Nachteils sollte eine Programm-Datei so strukturiert werden, daß verschiedene, durch den DO-Befehl aufrufbare Befehlsfolgen zur Verfügung stehen. In diesem Fall werden die einzelnen Befehlsfolgen als *Prozeduren* und die Programm-Datei als *Prozedur-Datei* bezeichnet.

Eine Prozedur-Datei, die genau wie eine Befehls-Datei durch die Namensergänzung "*PRG*" gekennzeichnet wird, muß folgendermaßen aufgebaut sein:

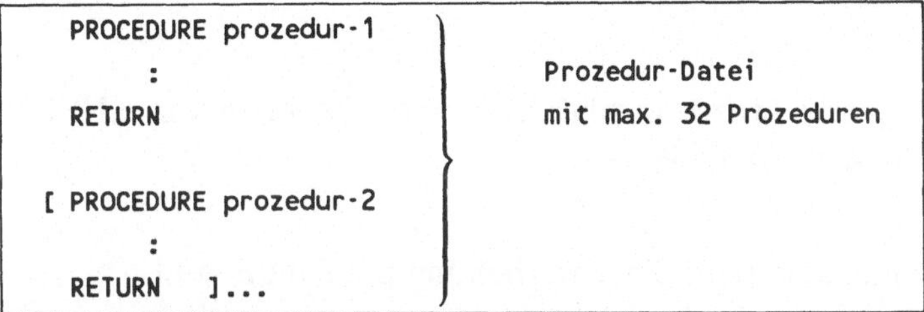


Jede Prozedur wird durch einen *Prozedurnamen* gekennzeichnet, der hinter dem Wort *PROCEDURE* eingetragen und beim Aufruf der Prozedur im zugehörigen *DO*-Befehl in der Form

```
DO prozedurname
```

anzugeben ist. Alle innerhalb einer Prozedur-Datei enthaltenen Prozeduren müssen verschiedene, *maximal* 8 Zeichen lange Namen tragen.

Jede Prozedur muß durch einen *RETURN*-Befehl in der Form

```
RETURN
```

abgeschlossen werden. Wird dieser Befehl bei der Ausführung einer Prozedur erreicht, so ist die Prozedur beendet. Anschließend wird der Prompt am Bildschirm ausgegeben, der zur Eingabe des nächsten Befehls auffordert.

Da Prozeduren *verschachtelt* werden dürfen, lassen sich innerhalb einer Prozedur weitere Prozeduren durch den DO-Befehl aufrufen.

Jede *gerufene* Prozedur kann weitere Prozeduren durch den DO-Befehl aktivieren.

Wollen wir z.B. die Prozedur-Datei ANFAUSPZ.PRG für das Anfügen und Ausgeben von Sätzen der Tabellen Datei UMSATZ.DBF einrichten, so rufen wir das dBASE-Editierprogramm durch

```
. MODIFY COMMAND ANFAUSPZ
```

auf und geben die folgenden Befehle ein:

```
PROCEDURE ANFUEGEN
USE UMSATZ
APPEND
RETURN

PROCEDURE AUSGEBEN
USE UMSATZ
DISPLAY OFF ALL
RETURN

PROCEDURE ANFAUS
DO ANFUEGEN
DO AUSGEBEN
RETURN
```

Bei der Ausführung der Prozedur ANFAUS wird die Prozedur ANFUEGEN durch die Ausführung des Befehls

```
DO ANFUEGEN
```

durchlaufen. Anschließend wird die Verarbeitung mit dem Befehl

```
DO AUSGEBEN
```

fortgesetzt und nach Durchlaufen der Prozedur AUSGEBEN die Ausführung der Prozedur ANFAUS beendet.

Damit nach der Einrichtung einer Prozedur-Datei überhaupt eine Prozedur ausgeführt werden kann, müssen wir diese Datei vor dem erstmaligen Aufruf einer in ihr gespeicherten Prozedur zur Verarbeitung *anmelden* (dies ist bei einer Befehls-Datei nicht erforderlich). Dazu ist der *SET PROCEDURE TO*-Befehl in der Form

```
SET PROCEDURE TO prozedur-dateiname
```

anzugeben, wobei der aufgeführte Dateiname eine Prozedur-Datei kennzeichnen muß. Durch die Ausführung dieses Befehls wird der Datei-Inhalt in den Hauptspeicher übertragen, von wo die einzelnen Prozeduren durch geeignete DO-Befehle abgerufen werden können.

Somit müssen wir zur Ausführung der Prozedur ANFAUS die beiden Befehle

```
. SET PROCEDURE TO ANFAUSPZ
. DO ANFAUS
```

eingeben. Der Name ANFAUSPZ hinter dem Schlüsselwort TO kennzeichnet die Prozedur-Datei ANFAUSPZ.PRG und der Name ANFAUS hinter DO bezeichnet die in dieser Prozedur-Datei enthaltene Prozedur ANFAUS.

Sollen Prozeduren aus einer anderen als der aktuell angemeldeten Prozedur-Datei ausgeführt werden, so ist zunächst die aktuelle Prozedur-Datei *abzumel-*

*den*, da zu jedem Zeitpunkt immer <u>nur</u> <u>eine</u> Prozedur-Datei angemeldet sein darf. Dazu geben wir den *CLOSE PROCEDURE*-Befehl in der Form

```
CLOSE PROCEDURE
```

an. Dieser Befehl ist auch dann zu verwenden, falls wir - durch den Einsatz des MODIFY COMMAND-Befehls - Änderungen innerhalb der Prozedur-Datei durchführen wollen.

## 11.4 Rahmenbedingungen für die Ausführung von Befehlsfolgen (ECHO, DEBUG, STEP, TALK)

Grundsätzlich werden die Befehle einer Befehls- bzw. Prozedur-Datei bei ihrer Ausführung durch den DO-Befehl *nicht* am Bildschirm angezeigt. Zum Austesten des korrekten Ablaufs ist es jedoch unter Umständen erforderlich, sich über die Befehlsausführung zu informieren. Dazu stehen mehrere Befehle zur Verfügung, deren Leistung wir im folgenden summarisch angeben:

```
SET ECHO ON    : die durch einen DO-Befehl ausgeführten
                 Befehle werden am Bildschirm protokolliert,

SET ECHO OFF   : es erfolgt keine Protokollierung
                 (Voreinstellung),

SET DEBUG ON   : die durch den SET ECHO-Befehl geforderte
                 Protokollierung wird auf dem Drucker
                 vorgenommen,

SET DEBUG OFF  : die Protokollierung erfolgt auf dem
                 Bildschirm (Voreinstellung),

SET STEP ON    : die Befehle einer durch einen DO-Befehl
                 aufgerufenen Befehlsfolge werden schritt-
                 weise ausgeführt, so daß die Möglichkeit
                 besteht, die Ausführung eines DO ·Befehls
                 nach der Bearbeitung jedes einzelnen Be-
                 fehls zu beenden,

SET STEP OFF   : die Ausführung einer durch einen DO-Befehl
                 aufgerufenen Befehlsfolge kann nicht abge-
                 brochen werden (Voreinstellung),

SET TALK OFF   : die während einer Befehlsausführung stan-
                 dardmäßig erfolgende Bildschirmanzeige von
                 Zuweisungsergebnissen wird unterdrückt, und

SET TALK ON    : die Ergebnisse von Zuweisungen werden am
                 Bildschirm angezeigt (Voreinstellung).
```

## 11.5    Übernahme einer Tabellen-Struktur (COPY STRUCTURE EXTENDED)

In besonderen Anwendungsfällen kann es erforderlich sein, den Aufbau einer Tabellen-Datei nicht (wie bisher) dialog-gestützt vorzunehmen, sondern die einzurichtende Datensatz-Struktur durch Angaben innerhalb einer gesonderten *Tabellen-Struktur-Datei* bereitzustellen. Zur Erstellung einer derartigen Datei ist der *COPY TO*-Befehl mit den Schlüsselwörtern *STRUCTURE EXTENDED* in der Form

```
COPY TO tabellen-struktur-dateiname STRUCTURE EXTENDED
```

anzugeben. Dadurch werden die Strukturdaten der im aktuellen Arbeitsbereich angemeldeten Tabellen-Datei als Satzinhalte in eine Datei ausgegeben, deren Name hinter dem Schlüsselwort TO aufgeführt ist. *Jeder* Datensatz dieser Datei besteht aus den Datenfeldern "FIELD_NAME (Feldname)", "FIELD_TYP (Typ)", "FIELD_LEN (Länge)" und "FIELD_DEZ (Dez)". Für jedes in der angemeldeten Tabellen-Datei vorhandene Feld wird ein Datensatz in die Struktur-Datei ausgegeben.

So werden z.B. durch die Ausführung der Befehle

```
. USE VRTRTR
. COPY TO VRTRTRST STRUCTURE EXTENDED
. USE VRTRTRST
. DISPLAY STRUCTURE
```

die Angaben

```
Datenbankstruktur        : A:VRTRTRST.dbf
Anzahl der Datensätze :       5
Letztes Änderungsdatum: 25.06.88
Feld    Feldname     Typ          Länge   Dez
   1    FIELD_NAME   Zeichen        10
   2    FIELD_TYPE   Zeichen         1
   3    FIELD_LEN    Numerisch       3
   4    FIELD_DEC    Numerisch       3
** Gesamt **                        18
```

protokolliert. Geben wir anschließend den Befehl

```
. DISPLAY ALL
```

zur Ausgabe der vorhandenen Datensätze ein, so erhalten wir die folgende Bildschirmausgabe:

```
Satznummer  FIELD_NAME FIELD_TYPE FIELD_LEN FIELD_DEC
     1      V_NR       N                  4         0
     2      V_NAME     C                 30         0
     3      V_ANSCH    C                 30         0
     4      V_PROV     N                  4         2
     5      V_KONTO    N                  7         2
```

Um aus diesen Angaben eine neue Tabellen-Datei mit dieser Struktur einzurichten, müssen wir den *CREATE*-Befehl mit dem Schlüsselwort *FROM* in der Form

```
CREATE tabellen-dateiname FROM tabellen-struktur-dateiname
```

verwenden, den wir in Fortführung des oben angegebenen Beispiels wie folgt einsetzen können:

```
. CREATE VRTRTR2 FROM VRTRTRST
. APPEND FROM BESTAND2.TXT TYPE SDF
```

Dadurch wird die neu eingerichtete Tabellen-Datei VRTRTR2.DBF durch den CREATE-Befehl im aktuellen Arbeitsbereich angemeldet und durch den nachfolgenden APPEND FROM-Befehl mit den Sätzen der Text-Datei BESTAND2.TXT, die geeignet strukturiert sein muß (siehe Abschnitt 4.3), gefüllt.

Aufgaben

Aufgabe 11.1
Richte die Prozedur-Datei FRAGEN.PRG ein, welche die Prozeduren FRAGE1, FRAGE3, FRAGE4 und FRAGE5 enthält. Dabei ist - unter der Berücksichtigung der zur Lösung von Aufgabe 10.2 gewählten Strategie - jede dieser Prozeduren so zu konzipieren, daß nach deren Ausführung die jeweils korrespondierende Frage (siehe Aufgabe 8.1 und Aufgabe 10.1) bearbeitet werden kann.

# 12 Steuerbefehle und Variable

## 12.1 Prozeduraler Ablauf

Bislang haben wir zur Lösung der Aufgabenstellungen *funktionale* Befehle eingesetzt, d.h. jeder Befehl bearbeitet eine oder mehrere Tabellen-Dateien als Ganzes. Mit Hilfe dieser Befehle konnten wir unter anderem die folgenden Tätigkeiten ausführen:

- Einrichtung von Tabellen-Dateien (CREATE),

- Sicherung von Tabellen-Dateien (COPY),

- Bereitstellung von Daten aus Tabellen-Dateien (USE),

- Veränderung des Inhalts von Tabellen-Dateien (REPLACE),

- Ausgabe von Summenwerten (REPORT FORM),

- Veränderung der durch die Erfassung vorgegebenen Reihenfolge beim Zugriff auf einzelnen Datensätze (INDEX ON),

- Projektion, Verbund und Selektion (COPY TO, INDEX ON mit dem Schlüsselwort UNIQUE, JOIN, SET FILTER TO),

- Verkettung von Tabellen-Dateizugriffen (SET RELATION TO), und

- Ausführung von Befehlsfolgen (DO).

Die *Ausführungsreihenfolge* dieser Befehle war bestimmt durch die Abfolge, in der sie über die Tastatur eingegeben bzw. innerhalb einer durch einen DO-Befehl abgerufenen Befehlsfolge plaziert waren.

Häufig gibt es jedoch Problemstellungen, zu deren Lösung die bisherigen Kenntnisse nicht ausreichen, weil die bislang bekannten Befehle bzgl. ihrer Ausführungsreihenfolge geeignet zusammengestellt werden müssen. So ist die Ausführung von ein oder mehreren Befehlen evtl. geeignet oft zu wiederholen oder in Abhängigkeit von der Gültigkeit einer Bedingung vorzunehmen oder zu unterbinden. Somit muß ein *prozeduraler Ablauf* von Befehlen, die in einer Befehls- oder einer Prozedur-Datei eingetragen sind, festgelegt werden können. Die diesbzgl. Befehle zur Kontrolle des Programmablaufs werten Bedingungen aus, die sich entweder auf den aktuellen Inhalt von Satzpuffern oder aber auf in einem gesonderten Hauptspeicherbereich - Gedächtnis bzw. Variablenbereich genannt - zur Verfügung gestellten Daten beziehen.

Zur Diskussion der möglichen Kontrollstrukturen erinnern wir uns daran, daß wir eine Format-Datei im Abschnitt 6.5 zur Datenerfassung mit dem APPEND-Befehl eingerichtet haben, deren Inhalt zum Aufbau von Bildschirm-Masken ausgewertet wurde. Jetzt stellen wir uns die Aufgabe, diese Erfassung so zu beschreiben, daß wir auf die Einrichtung einer Format-Datei verzichten

können. Dazu wollen wir eine Befehls-Datei namens APPEND.PRG einrichten,
so daß wir durch den Aufruf

```
. DO APPEND
```

Datensätze im Dialog an den Bestand anfügen können. Durch die Ausführung
dieses DO-Befehls streben wir den folgenden, zunächst in grafischer Form als
*Struktogramm* beschriebenen Ablauf an:

```
+-------------------------------------------------------------+
|                                                             |
|                 lösche den Bildschirm                       |
|                                                             |
+-------------------------------------------------------------+
|                                                             |
|                      USE UMSATZ                             |
|                                                             |
+-------------------------------------------------------------+
| (1)  wiederhole, solange Abbruch nicht erwünscht ist        |
|   +---------------------------------------------------------+
|   | (2) APPEND BLANK (ohne Angabe von BLANK wird das        |
|   |                                                         |
|   |     Standard-Menü am Bildschirm ausgegeben)             |
|   +---------------------------------------------------------+
|   | (3) gib Bildschirm-Masken mit                           |
|   |                                                         |
|   |     den Erfassungsfeldern aus                           |
|   +---------------------------------------------------------+
|   | (4) übertrage die Werte der durch Tastatureingabe       |
|   |                                                         |
|   |     gefüllten Erfassungsfelder in den aktuellen         |
|   |                                                         |
|   |     Satzpuffer, in dem UMSATZ angemeldet ist            |
|   +---------------------------------------------------------+
|   | (5) frage an, ob der Abbruch erwünscht ist              |
|   +---------------------------------------------------------+
|   | (6) lösche den Bildschirm                               |
+---+---------------------------------------------------------+
```

Der *Schleifenblock* (1) mit der Angabe "wiederhole solange, bis Abbruch er-
wünscht ist" legt fest, daß die in (1) eingetragenen Strukturblöcke (2), (3), (4),
(5) und (6) in der angegebenen Reihenfolge von oben nach unten solange wiederholt durchlaufen werden sollen, wie die angegebene Bedingung zutrifft.

## 12.2 Ausführung einer Schleife (DO WHILE)

Ein Schleifenblock wird durch die Befehle *DO WHILE* und *ENDDO* in der Form

```
DO WHILE bedingung
   befehl-1
  [ befehl-2 ]...
ENDDO
```

umgesetzt, wobei die zwischen den Befehlen DO WHILE und ENDDO angegebenen Befehle in Abhängigkeit von der hinter dem Schlüsselwort *WHILE* aufgeführten Bedingung wiederholt in der angegebenen Reihenfolge auszuführen sind. Ist die Bedingung gleich zu Beginn nicht erfüllt, so wird die Ausführung der Befehle mit dem ersten hinter ENDDO angegebenen Befehl fortgesetzt. Andernfalls werden die Befehle in der angegebenen Reihenfolge ausgeführt, und es wird bei Erreichen des ENDDO-Befehls die Bedingung erneut überprüft. Trifft sie nach wie vor zu, so wird der Vorgang wiederholt. Dies geschieht solange, bis die Bedingung nicht mehr erfüllt ist. In diesem Fall ist die Schleife beendet, und die Ausführung wird mit dem hinter ENDDO angegebenen Befehl fortgesetzt.

Zwischen dem DO WHILE- und dem ENDDO-Befehl dürfen weitere Schleifen enthalten sein, die durch den paarweisen Einsatz von jeweils einleitendem DO WHILE- und jeweils abschließendem ENDDO-Befehl beschrieben werden.

Mit Hilfe der DO WHILE- und ENDDO-Befehle setzen wir das oben angegebene Struktogramm wie folgt um (die SET TALK-Befehle haben wir ergänzend hinzugefügt):

```
SET TALK OFF
CLEAR
USE UMSATZ && Wir setzen voraus, daß UMSATZ.DBF existiert.
STORE "N" TO ABBRUCH_V                                 ←— (a)
DO WHILE .NOT.(ABBRUCH_V = "J" .OR. ABBRUCH_V = "j") ←— (b)
   APPEND BLANK
    a 5, 10 SAY "Vertreternummer:" GET V_NR      ⎫
    a 5, 50 SAY "Datum:" GET DATUM               ⎪
                                                 ⎬ ←— (c)
    a 7, 10 SAY "Artikelnummer:" GET A_NR        ⎪
    a 7, 35 SAY "Stückzahl:" GET A_STUECK        ⎭
   READ                                                ←— (d)
   ACCEPT "Abbruch(J/j):" TO ABBRUCH_V                 ←— (e)
   CLEAR
ENDDO
SET TALK ON
```

Für die im Strukturblock (5) formulierte Datenausgabe mit nachfolgender Dateneingabe setzen wir den ACCEPT-Befehl (e) ein, den wir im nächsten Abschnitt erläutern.

Den Block (4) aus dem Struktogramm haben wir in die uns vom Abschnitt 6.5 her bekannten Befehle umgeformt und an der Position (c) eingetragen. Allerdings müssen wir hier - im Gegensatz zur Arbeit mit einer Format-Datei - dafür sorgen, daß die durch die ə-Befehle formulierten Eingabeanforderungen auch tatsächlich vorgenommen werden. Dazu geben wir den uns aus dem Abschnitt 6.5 bekannten *READ*-Befehl an der Position (d) in der Form

```
READ
```

an, der alle in den vorausgehenden @-Befehlen enthaltenen Eingabeforderungen aktiviert (die in einer Format-Datei formulierten Eingabeanforderungen für ein einseitiges Bildschirm-Menü werden auch ohne explizite Angabe eines READ-Befehls bei der Ausführung von APPEND-, INSERT- oder EDIT-Befehlen automatisch aktiviert).

## 12.3 Variable

Damit das Ende der Erfassung mitgeteilt werden kann, stellen wir im Bildschirm-Menü die Anfrage "Abbruch(J/j):" und fordern die Anwort über eine Tastatureingabe an.

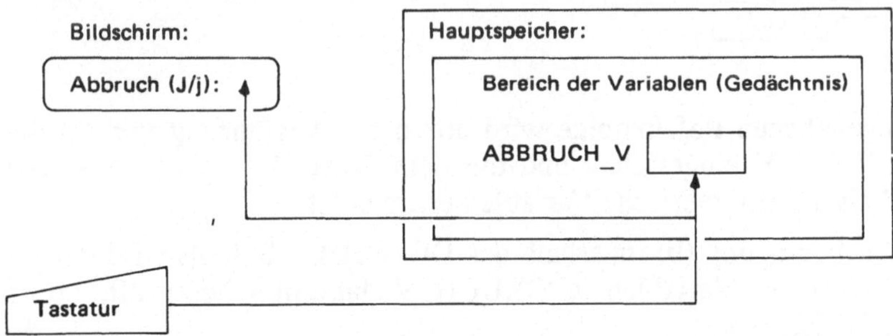


Zur Speicherung der Antwort verwenden wir einen gesonderten Bereich im Hauptspeicher, das sog. *Gedächtnis*. Hier können Datenfelder eingerichtet werden, die nicht Bestandteil eines Satzpuffers sind. Zur Unterscheidung bezeichnen wir die Felder des Gedächtnisses als *Variable*. Diese Variablen richten wir über die Angabe eines geeigneten *Variablennamens* mit dem *STORE*-Befehl in der Form

```
STORE ausdruck TO varname-1 [ , varname-2 ]...
```

ein. Bei der Ausführung dieses Befehls wird zunächst der Wert des Ausdrucks - es darf sich hierbei um einen alphanumerischen, einen numerischen oder einen logischen Ausdruck handeln - errechnet. Anschließend wird für die angegebenen Variablen der jeweils erforderliche Speicherbereich im Gedächtnis eingerichtet und der Wert in jede der angegebenen Variablen übertragen, die dadurch zu *numerischen, alphanumerischen* bzw. *logischen* Variablen werden. Ist eine Variable bereits vorhanden, so wird ihr alter Wert ersetzt (das Überschreiben der alten Werte von Datenfeldern in einem Satzpuffer ist über den REPLACE-Befehl anzufordern, siehe Abschnitt 6.2).

Hinweis:

Zuweisungen an Felder im Satzpuffer sind nur über den REPLACE-Befehl bzw. durch das Zusammenwirken von @- und READ-Befehl möglich.

Insgesamt können bis zu 256 Variable mit jeweils maximal 254 Bytes eingerichtet werden, wobei das Gedächtnis insgesamt die Zahl von 6000 Bytes nicht überschreiten darf.

Für die Variablen dürfen wir auch Namen von in Satzpuffern vorhandenen Datenfeldern vergeben. Bei *Namensgleichheit* wird auf das Feld im Satzpuffer zugegriffen, so daß ein Zugriff auf die Variable über die Angabe von

```
M -> varname
```

("M" von "Memory", d.h. "Gedächtnis") festgelegt werden muß.

Soll nur *eine* Variable eingerichtet bzw. deren Wert verändert werden, so können wir anstelle des STORE-Befehls abkürzend den *Zuweisungs*-Befehl

```
varname = ausdruck
```

verwenden.

In der oben angegebenen Befehlsfolge wird durch die Ausführung von (a) die Variable ABBRUCH_V eingerichtet und mit dem Wert "N" belegt, wodurch ABBRUCH_V als alphanumerische Variable bestimmt ist.

In der Vergleichsbedingung (b) innerhalb des DO WHILE-Befehls wird der jeweils aktuelle Wert der Variablen ABBRUCH_V daraufhin überprüft, ob er gleich "J" oder "j" ist.

Durch den Befehl (e)

```
ACCEPT "Abbruch(J/j):" TO ABBRUCH_V
```

wird eine Zeichen-Eingabe über die Tastatur angefordert. Das eingegebene Zeichen wird auf dem Bildschirm an der aktuellen Cursorposition protokolliert und in die alphanumerische Variable ABBRUCH_V übertragen. Anschließend wird der Inhalt von ABBRUCH_V bei der Auswertung der Bedingung des DO WHILE-Befehls überprüft. Enthält ABBRUCH_V das Zeichen "J" oder "j", so wird die Ausführung der Schleife beendet. Andernfalls wird die Ausführung mit dem APPEND-Befehl fortgesetzt.

## 12.4 Ein-/Ausgabe und Zuweisung von Variablenwerten (ACCEPT, WAIT, INPUT, ?)

Zur Eingabe von *Texten* ist der *ACCEPT*-Befehl in der Form

```
ACCEPT [ { "zeichenfolge" | varname-1 } ] TO varname-2
```

anzugeben. Es wird - mit Beginn der nächsten Bildschirmzeile - eine Tastatur-Eingabe angefordert und die eingegebenen Zeichen werden in die *alphanumerische* Variable "varname-2" übertragen. Ist diese Variable noch nicht vorhanden, so wird sie durch den ACCEPT-Befehl *eingerichtet.* Vor dem Schlüsselwort TO darf ein die Eingabeanforderung erläuternder Text angegeben werden. Der Text läßt sich entweder als Zeichenfolge (mit begrenzenden Anführungszeichen) eintragen oder er ist Inhalt der alphanumerischen Variablen "varname-1".

Soll nur ein einziges Zeichen eingegeben bzw. die Programmausführung durch den Druck auf eine beliebige Taste fortgesetzt werden, so läßt sich der *WAIT*-Befehl in der Form

```
WAIT [ "zeichenfolge" | varname-1 ] [ TO varname-2 ]
```

einsetzen.

So wird etwa durch die Ausführung von

```
WAIT
```

die Meldung "Weiter mit beliebiger Taste ..." auf dem Bildschirm ausgegeben. Der aktuelle Bildschirminhalt bleibt solange sichtbar, bis die Programmausführung durch den Druck auf irgendeine Taste fortgesetzt wird.

Wollen wir nicht Zeichen, sondern *numerische* Werte eingeben, so verwenden wir anstelle des ACCEPT- bzw. WAIT-Befehls den *INPUT*-Befehl in der Form:

```
INPUT [ { "zeichenfolge" | varname-1 } ] TO varname-2
```

Soll die *Bildschirmposition* für eine Dateneingabe genau spezifiziert werden, so müssen wir die @- und READ-Befehle in der Form

```
@ zeilennummer, spaltennummer
   [ SAY { "zeichenfolge" | varname-1 } ] GET varname-2
READ
```

einsetzten. Dabei ist zu beachten, daß die hinter GET aufgeführte Variable bereits *existieren* muß.

Bei der Ausführung eines STORE-Befehls wird der zugewiesene Wert standardmäßig am Bildschirm angezeigt. Diese Bildschirmausgabe kann unterdrückt werden, sofern zuvor der SET TALK-Befehl mit dem Schlüsselwort OFF eingegeben wurde (siehe Abschnitt 11.4). Soll der Wert eines Ausdrucks errechnet und am Bildschirm ausgegeben werden (es soll keine Zuweisung an eine Variable oder ein Feld eines Satzpuffers erfolgen), so ist der *?*-Befehl in der Form

```
? [ ? ] ausdruck-1 [ , ausdruck-2 ]...
```

einzusetzen. Wird nur ein Fragezeichens verwendet, so erfolgt die Ausgabe in
die *nächste* Zeile. Bei Angabe von zwei Fragezeichen werden dagegen die
durch die Ausdrücke bestimmten Werte ab der *aktuellen* Cursorposition auf
dem Bildschirm ausgegeben.

Ergänzend zur im Abschnitt 7.1 dargestellten Syntax lassen sich die Befehle
*SUM, COUNT* und *AVERAGE* auch in der folgenden Form einsetzen:

```
COUNT [ bereich ] TO varname
                  [ WHILE bedingung-1 ] [ FOR bedingung-2 ]

{ SUM | AVERAGE } [ bereich ] feldname-1 [ , feldname-2 ]..
                  TO varname-1 [ , varname-2 ]...
                  [ WHILE bedingung-1 ] [ FOR bedingung-2 ]
```

Diese Befehlsform hat den Vorteil, daß die ermittelten Werte unmittelbar zur
weiteren Verarbeitung bereitstehen. Die angegebenen Variablen müssen numerisch sein. Bei den Befehlen SUM und AVERAGE muß die Anzahl der Feldnamen vor dem Schlüsselwort TO mit der Anzahl der hinter TO aufgeführten
Variablennamen übereinstimmen.

## 12.5 Der Operator &

Um uns im Umgang mit Variablen zu üben, wollen wir die Leistungen der Befehle COUNT, SUM und AVERAGE durch geeignete Prozeduren erbringen
lassen. Dabei wollen wir den Namen der jeweils auszuwertenden Tabellen-Datei während des Dialogs über die Tastatur eingeben und dazu den Befehl

```
ACCEPT "Gib Tabellen-Dateinamen an:" TO TABNAME_V
```

ausführen lassen. Nach unserer bisherigen Kenntnis läßt sich der eingelesene
Name nicht in der von uns benötigten Form verwenden, da z.B. ein nachfolgender USE-Befehl in der Form

```
USE TABNAME_V
```

festlegt, daß die Tabellen-Datei namens TABNAME_V angemeldet werden
soll. Wir müssen dagegen anfordern, daß der in TABNAME_V abgespeicherte
Text als Name der anzumeldenden Tabellen-Datei ermittelt wird.

Dazu wenden wir den *&-Operator* auf TABNAME_V an und lassen den Befehl

```
USE &TABNAME_V
```

ausführen.

Grundsätzlich können wir mit Hilfe des *&-Operators* in der Form

```
& ( feldname | varname )
```

auf den Inhalt eines Feldes zugreifen. Dabei muß der Name dieses Feldes in
dem alphanumerischen Feld "feldname" bzw. in der alphanumerischen Variablen "varname" als Wert gespeichert sein.

Somit wird durch

```
    USE &TABNAME_V
```

nicht die Tabellen-Datei TABNAME_V im aktuellen Arbeitsbereich angemeldet, sondern diejenige Tabellen-Datei, deren Name Inhalt der alphanumerischen Variablen TABNAME_V ist.

Zur Lösung der oben angegebenen Aufgabenstellung richten wir mit Hilfe des MODIFY COMMAND-Befehls die Prozedur-Datei AGREGATE.PRG ein und tragen dort die folgenden Prozeduren ein:

```
PROCEDURE SUM
SET TALK OFF
CLEAR
ACCEPT "Gib Tabellen-Dateinamen an:" TO TABNAME_V
ACCEPT "Gib ein Feld der Datei " + TABNAME_V + ;
       " an, über das summiert werden soll: " TO FELDNAME_V
USE &TABNAME_V
STORE 0 to SUM_V && Wegen "SET TALK OFF" wird der Wert 0
*                    nicht auf dem Bildschirm angezeigt.
DO WHILE .NOT. EOF()
   STORE &FELDNAME_V + SUM_V TO SUM_V
   SKIP
ENDDO
?
?
?? "Die Summe der Werte des Felds ", FELDNAME_V,;
   " ergibt sich zu: ", SUM_V
SET TALK ON
RETURN


PROCEDURE COUNT
SET TALK OFF
CLEAR
ACCEPT "Gib Tabellen-Dateinamen an: " TO TABNAME_V
USE &TABNAME_V
STORE 0 TO COUNT_V
DO WHILE .NOT. EOF()
   STORE COUNT_V + 1 TO COUNT_V
   SKIP
ENDDO
?
?
?? "Die Tabellen-Datei ", TABNAME_V, " enthält ",;
   COUNT_V, " Sätze"
SET TALK ON
RETURN
```

```
PROCEDURE AVERAGE
SET TALK OFF
CLEAR
ACCEPT "Gib Tabellen-Dateinamen an:" TO TABNAME_V
ACCEPT "Gib ein Feld der Datei " + TABNAME_V + ;
       " an, über das summiert werden soll: " TO FELDNAME_V
USE &TABNAME_V
STORE 0 TO SUM_V, COUNT_V
DO WHILE .NOT. EOF()
   STORE &FELDNAME_V + SUM_V TO SUM_V          ◄───── (*)
   STORE COUNT_V + 1 TO COUNT_V
   SKIP
ENDDO
STORE SUM_V / COUNT_V TO AVERAGE_V
?
?
?? "Der durchschnittliche Wert des Felds ",;
   FELDNAME_V, " ist: ", AVERAGE_V
SET TALK ON
RETURN
```

In der durch (*) gekennzeichneten Befehlszeile wird bei der Ausführung des
dort angegebenen STORE-Befehls

```
STORE &FELDNAME_V + SUM_V TO SUM_V
```

die Variable SUM_V nicht um den in FELDNAME_V enthaltenen Wert erhöht. Vielmehr wird durch die Anwendung des &-Operators derjenige Wert als
Summand ermittelt, der in dem Feld abgespeichert ist, dessen Name die alphanumerische Variable FELDNAME_V als Wert enthält.

## 12.6 Ein- und zweiseitige Auswahl (IF, ELSE)

Soll der Aufruf der in der Prozedur-Datei AGREGATE.PRG enthaltenen Prozeduren SUM, COUNT und AVERAGE menü-gesteuert erfolgen, so können wir
wir etwa das folgende Bildschirm-Menü konzipieren:

```
SUM(1)

COUNT(2)

AVERAGE(3)

Gib eine Nummer an:
```

Die gewünschte Verarbeitung stellen wir zunächst grafisch durch das folgende Struktogramm dar:

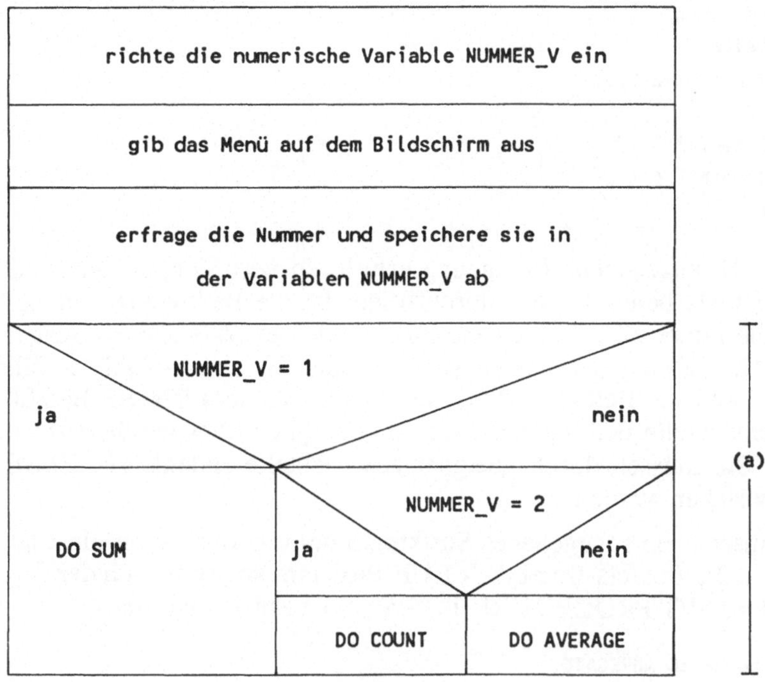


Dabei handelt es sich bei dem Block (a) um einen *Bedingungs-Strukturblock*, der die folgende allgemeine Form besitzt:

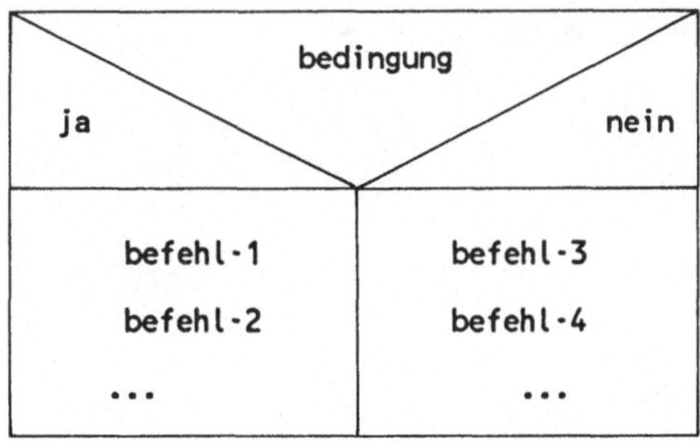

Durch diesen Block wird eine *ein-* oder *zweiseitige Auswahl* beschrieben, die sich durch die Befehle *IF*, *ELSE* und *ENDIF* wie folgt umzusetzen läßt:

```
IF bedingung
    befehl-1
    [ befehl-2 ]...
[ ELSE
    befehl-3
    [ befehl-4 ]... ]
ENDIF
```

Ist die hinter IF angegebene Bedingung erfüllt, so wird der Ja-Zweig mit den Befehlen befehl-1, befehl-2 usw. durchlaufen. Ist die Bedingung nicht erfüllt, so werden die hinter ELSE angegebenen Befehle des *Nein-Zweigs* ausgeführt. Bei <u>leerem</u> Nein-Zweig (es handelt sich um eine Einfachauswahl) entfällt der ELSE-Befehl und die Befehlsausführung wird hinter dem ENDIF-Befehl fortgesetzt. Geschachtelte Bedingungsblöcke sind möglich (dies wurde bereits oben ausgenutzt). Sie müssen durch geeignet geschachtelte Befehle IF, ELSE und ENDIF beschrieben werden.

Setzen wir unser oben angegebenes Struktogramm um und tragen die zugehörigen Befehle in die Befehls-Datei AUFRUF.PRG ein, so ergibt sich der folgende Dateiinhalt (der SET PROCEDURE TO-Befehl ist ergänzt worden):

```
SET PROCEDURE TO AGREGATE
NUMMER_V = 0
CLEAR
a  5, 10 SAY "SUM(1)"
a  7, 10 SAY "COUNT(2)"                          (*)
a  9, 10 SAY "AVERAGE(3)"
a 13, 10 SAY "Gib eine Nummer an:" GET NUMMER_V
READ
IF NUMMER_V = 1
   DO SUM
ELSE
   IF NUMMER_V = 2
      DO COUNT
   ELSE
      DO AVERAGE
   ENDIF
ENDIF
CLOSE PROCEDURE
* Wir unterstellen, daß einer der Werte 1, 2 oder 3
* eingegeben wird.
```

Anstelle von (*) können wir auch die folgende Befehlsfolge verwenden:

```
a  5, 10
TEXT
          SUM(1)
          COUNT(2)
          AVERAGE(3)
ENDTEXT
a 13, 10 SAY "Gib eine Nummer an:" GET NUMMER_V
```

Ein Text, der aus ein oder mehreren Zeilen besteht, läßt sich dadurch auf dem Bildschirm ausgeben, daß wir ihm einen *TEXT*-Befehl in der Form

```
TEXT
```

voranstellen und ihn durch einen *ENDTEXT*-Befehl in der Form

```
ENDTEXT
```

abschließen. Unmittelbar vor dem TEXT-Befehl stellen wir die aktuelle Bildschirmposition durch den @-Befehl in der Form

```
a zeilennummer, spaltennummer
```

ein. Die Verwendung der TEXT- und ENDTEXT-Befehle ist dann vorteilhaft, wenn Bildschirm-Menüs mit erläutenden Textzeilen erstellt werden sollen.

## 12.7 Mehrfachverzweigungen (DO CASE, CASE, OTHERWISE, ENDCASE)

Der durch die beiden oben angegebenen geschachtelten Bedingungsblöcke beschriebene Programmablauf läßt sich übersichtlicher durch einen *Case-Strukturblock* in der folgenden Form darstellen:

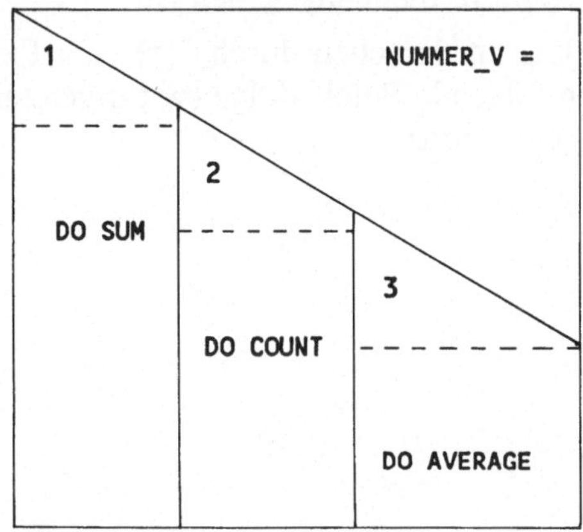

Die durch diesen Case-Strukturblock beschriebene *Mehrfachverzweigung* können wir durch die folgenden Befehlszeilen umsetzen:

```
DO CASE
   CASE NUMMER_V = 1
        DO SUM
   CASE NUMMER_V = 2
        DO COUNT
   CASE NUMMER_V = 3      ◄── (*)
        DO AVERAGE
ENDCASE
```

Dies ist ein Beispiel für den Einsatz der Befehle *DO CASE*, *CASE* und
*ENDCASE*, mit denen eine Mehrfachverzweigung wie folgt beschrieben werden
kann:

```
DO CASE
   CASE bedingung-1
        befehl-1
      [ befehl-2 ]...
 [ CASE bedingung-2
        befehl-3
      [ befehl-4 ]... ]...
 [ OTHERWISE
        befehl-5
      [ befehl-6 ]... ]
ENDCASE
```

Die in den CASE-Befehlen aufgeführten Bedingungen werden *von oben* nach
unten überprüft. Trifft eine Bedingung zu, so werden die zugehörigen Befehle
bearbeitet und anschließend die Ausführung hinter dem ENDCASE-Befehl
fortgesetzt. Ist keine Bedingung erfüllt, so werden die hinter *OTHERWISE* aufgeführten Befehle bearbeitet bzw. die Ausführung hinter dem ENDCASE-Befehl fortgesetzt, falls der Befehl OTHERWISE nicht angegeben ist.

Unter Einsatz des Befehls OTHERWISE an der oben durch "(*)" markierten
Position ergibt sich in unserem Fall die folgende Befehlsfolge (wir unterstellen,
daß einer der Werte 1, 2 oder 3 eingegeben wird):

```
DO CASE
   CASE NUMMER_V = 1
        DO SUM
   CASE NUMMER_V = 2
        DO COUNT
   OTHERWISE
        DO AVERAGE
ENDCASE
```

## 12.8 Das Arbeiten mit Variablen

### Einrichtung von Variablen

Wie innerhalb der Abschnitte 12.3 und 12.4 beschrieben, lassen sich Variable durch den *STORE*-Befehl

```
STORE ausdruck to varname-1 [ varname-2 ]...
```

bzw. den *Zuweisungs*-Befehl

```
varname = ausdruck
```

oder durch den *ACCEPT*- bzw. *INPUT*-Befehl

```
{ ACCEPT | INPUT } [ { "zeichenfolge" | varname-1 } ]
                 TO varname-2
```

im Hauptspeicher - innerhalb des Gedächtnisses - einrichten.

### Anzeigen von Variablen

Wollen wir uns über den jeweils aktuellen Inhalt dieses Speicherbereichs mit den Variablenwerten informieren, so können wir dazu den *DISPLAY MEMORY*-Befehl in der Form

```
DISPLAY MEMORY [ TO PRINT ]
```

eingeben, woraufhin die Variablennamen und die zugehörigen Variablenwerte am Bildschirm - bei Angabe von "TO PRINT" auch zusätzlich auf einem angeschlossenen Drucker - ausgegeben werden.

Fügen wir etwa in der im Abschnitt 12.5 entwickelten Prozedur AVERAGE vor dem RETURN-Befehl den Befehl

```
DISPLAY MEMORY
```

ein, so wird nach der Eingabe von "UMSATZ" und "A_STUECK" und der Ausgabe des Ergebniswerts die folgende Übersicht am Bildschirm angezeigt:

```
TABNAME_V    priv  C   "UMSATZ"                      A:AGREGATE.prg
FELDNAME_V   priv  C   "A_STUECK"                    A:AGREGATE.prg
SUM_V        priv  N           245 (  245.00000000) A:AGREGATE.prg
COUNT_V      priv  N             9 (    9.00000000) A:AGREGATE.prg
AVERAGE_V    priv  N         27.22 (27.22222222) A:AGREGATE.prg
     5 Variable definiert,        45 Bytes benutzt
   251 Variable frei,           5955 Bytes frei
```

## Sicherung von Variablen

Um den Inhalt des Gedächtnisses für eine spätere Anwendung zu sichern, kann durch den *SAVE TO*-Befehl in der Form

```
SAVE TO dateiname [ ALL { LIKE | EXCEPT } namensmaske ]
```

eine *Variablen-Datei* mit den aktuellen Variablenwerten eingerichtet werden. Diese Datei wird durch die Namensergänzung "MEM" (kürzt "MEMORY" ab) gekennzeichnet. Für einen hinter dem Schlüsselwort TO aufgeführten Grundnamen ohne die Ergänzung "MEM" wird diese Namensergänzung automatisch vorgenommen.

Bei der Sicherung werden entweder alle Variablen übertragen oder es wird durch die Angabe des Schlüsselworts *ALL* eine Auswahl getroffen, die durch eine Namensmaske festgelegt ist. In dieser Maske lassen sich die sog. *Wildcard-Zeichen* "*" und "?" einsetzen. Das Symbol "*" steht stellvertretend für eine beliebige Zeichenkette, deren Länge nicht festgelegt ist. Das Symbol "?" wird dagegen als Platzhalter für ein einzelnes Zeichen verwendet.

Legen wir z.B. den oben durch die Bildschirmausgabe beschriebenen Variablenbereich zugrunde, so werden etwa durch

```
*NAME_V
```

die Namen "TABNAME_V" und "FELDNAME_V" bestimmt, da diese Namen durch die Zeichenfolge "NAME_V" beendet werden. Durch die Angabe von

```
???NAME_V
```

wird dagegen nur der Name "TABNAME_V" gekennzeichnet, da die vor dem Text "NAME_V" einzusetzende Zeichenfolge aus genau 3 Zeichen bestehen muß.

Über die Schlüsselwörter *LIKE* und *EXCEPT* läßt sich bestimmen, ob die durch die Namensmaske gekennzeichneten Variablen gespeichert (bei LIKE) oder von der Übertragung ausgeschlossen werden sollen (bei EXCEPT).

## Bereitstellen von gesicherten Variablen

Die in einer Variablen-Datei gespeicherten Variablen lassen sich durch den *RESTORE FROM*-Befehl in der Form

```
RESTORE FROM dateiname [ ADDITIVE ]
```

wieder in das aktuelle Gedächtnis übertragen. Ohne Angabe des Schlüsselworts *ADDITIVE* wird *zuvor* der Inhalt des Gedächtnisses gelöscht, während bei Angabe von ADDITIVE die Variablen aus der Variablen-Datei zu den im Gedächtnis vereinbarten Variablen hinzugefügt werden. Bei *Namensgleichheit* wird jeweils der Variablenwert aus der Variablen-Datei übernommen.

**Löschen von Variablen**

Sollen alle aktuell im Gedächtnis enthaltenen Variablen gelöscht werden, so können wir dazu den *CLEAR MEMORY*-Befehl in der Form

```
CLEAR MEMORY
```

bzw. den <u>RELEASE</u>-Befehl in der Form

```
RELEASE ALL
```

eingeben (siehe auch Abschnitt 12.9).

Zur Löschung von ausgewählten Variablen müssen wir den *RELEASE*-Befehl in der Form

```
RELEASE varname-1 [ varname-2 ]...
```

oder

```
RELEASE ALL [ ( LIKE | EXCEPT ) namensmaske ]
```

einsetzen, bei dem wir über die Angabe von LIKE oder EXCEPT mit Hilfe der Wildcard-Zeichen "*" und "?" die Namen der zu löschenden Variablen beschreiben können.

# 12.9 Gültigkeitsbereich von Variablen

**PUBLIC- und PRIVATE-Variable**

Bislang haben wir dargestellt, wie Variable eingerichtet, gelöscht, gesichert und wieder bereitgestellt werden können. Dabei wurde nicht berücksichtigt, ob die Befehle innerhalb einer Prozedur oder unmittelbar im Dialog zur Ausführung gelangen.

Grundsätzlich werden Variable dadurch unterschieden, ob sie den Status *PUBLIC* oder den Status *PRIVATE* besitzen. Unabhängig vom jeweiligen Status teilen sich alle Variable den maximal zur Verfügung stehenden Speicherbereich für 256 Variable im Gedächtnis.

Alle im Dialog vereinbarten Variable haben stets den Status *PUBLIC*. Dies bedeutet, daß ihre Namen *global*, d.h. für alle Befehle innerhalb von Prozeduren, zugänglich sind.

Alle innerhalb von Prozeduren definierten Variable haben den Status *PRIVATE*, d.h. ihre Namen sind nur *lokal* innerhalb der Prozedur bekannt, in der sie vereinbart wurden. Dies hat zur Folge, daß die Variablen innerhalb einer *rufenden* Prozedur nicht zugänglich sind. Allerdings kann auf sie von jeder gerufenen Prozedur zugegriffen werden.

Betrachten wir die folgende Situation:

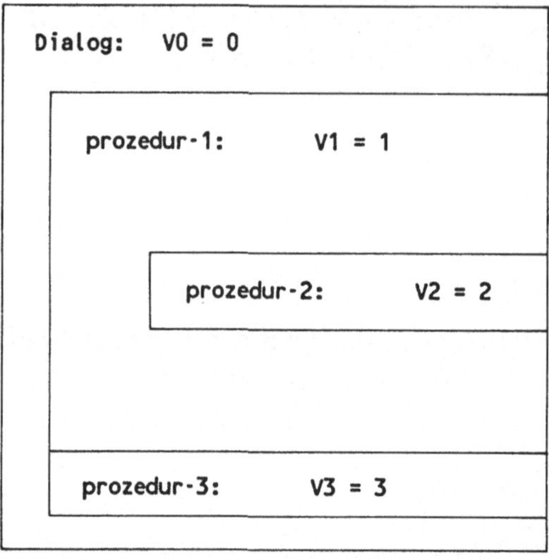


Diese Darstellung zeigt, daß

-   der Befehl "V0 = 0" im Dialog bearbeitet wird,

-   die Prozedur prozedur-1 mit der Ausführung von "V1 = 1" aufgerufen
    wird,

-   die in der Prozedur prozedur-1 enthaltene Prozedur prozedur-2 aufgerufen
    und "V2 = 2" ausgeführt wird,

-   nach der Rückkehr aus prozedur-2 die Prozedur prozedur-1 beendet wird,
    und letztlich

-   prozedur-3 aufgerufen und "V3 = 3" ausgeführt wird.

Über den Gültigkeitsbereich der Variablen V0, V1, V2 und V3 läßt sich feststellen:

-   auf V0 kann von allen Prozeduren zugegriffen werden,

-   V1 steht nur in prozedur-1 und prozedur-2 zur Verfügung,

-   V2 ist nur in prozedur-2 bekannt, und

-   V3 läßt sich nur in prozedur-3 bearbeiten.

Soll eine innerhalb einer Prozedur vereinbarte Variable für Dialog-Befehle oder
innerhalb einer rufenden Prozedur zugänglich sein - z.B. V2 innerhalb von pro-
zedur-1 -, so muß sie als PUBLIC-Variable durch den *PUBLIC*-Befehl in der
Form

```
PUBLIC varname-1 [ varname-2 ]...
```

deklariert werden.

Stimmt ein Variablenname einer in einer Prozedur definierten Variable mit dem Namen einer PUBLIC-Variablen bzw. dem Namen einer in einer rufenden Prozedur vereinbarten Variablen überein, so wird die lokale Variable durch die bereits vorhandene Variable *"überdeckt"*.

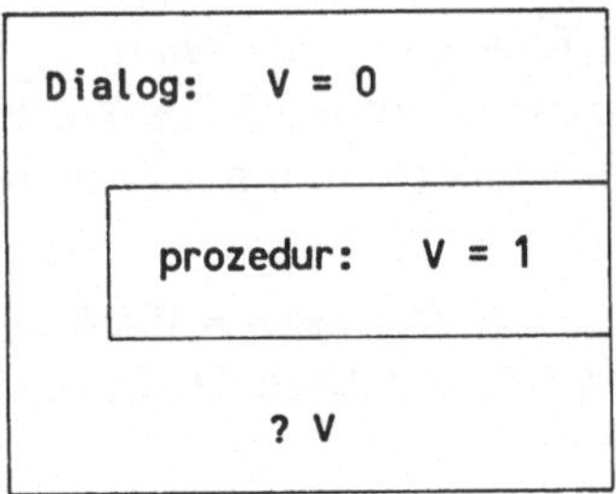


In dieser Situation liefert der Befehl "? V" den Wert 1, da bei der Zuweisung "V = 1" die während des Dialogs eingerichtete Variable V adressiert wird. Soll die Zuweisung "V = 1" für die innerhalb der Prozedur vereinbarte Variable V durchgeführt werden (der Befehl "? V" liefert den Wert 0), so ist der *PRIVATE*-Befehl in der Form

```
PRIVATE { varname-1 [ varname-2 ]...
              | ALL [ { LIKE | EXCEPT } namensmaske ] }
```

innerhalb der Prozedur einzusetzen. Durch die Ausführung dieses Befehls wird bestimmt, daß bei der Zuweisung an eine durch diesen Befehl festgelegte Variable stets die lokale, innerhalb der Prozedur vereinbarte Variable den zugewiesenen Wert erhält - und nicht eine PUBLIC-Variable bzw. in einer rufenden Prozedur vereinbarte Variable gleichen Namens.

Werden die Befehle RELEASE bzw. RESTORE innerhalb von Prozeduren eingesetzt, so wirken sie *nur* auf PRIVATE-Variable, d.h. RELEASE löscht PRIVATE-Variable und RESTORE legt PRIVATE-Variable an. Dabei ist zu beachten, daß bei RESTORE *ohne* Angabe des Schlüsselworts *ADDITIV* auch sämtlich vorhandene PUBLIC-Variable gelöscht werden.

## Parameter

Bislang haben wir unsere Prozeduren so konzipiert, daß die für die Verarbeitung benötigten Werte interaktiv angefragt und die resultierenden Werte innerhalb der Prozedur ausgegeben wurden. Oftmals ist es jedoch wünschenswert, daß die Werte, die eine Prozedurausführung steuern sollen, beim Prozeduraufruf übergeben und die Ergebniswerte nach der Prozcdurausführung in der rufenden Prozedur bzw. im Dialog zur weiteren Verarbeitung *zur Verfügung* stehen.

Hinweis:

Die nachfolgenden Angaben gelten sinngemäß auch für eine in einer Befehls-Datei abgespeicherte Befehlsfolge.

Oben haben wir als Vorteile des PRIVATE-Befehls kennengelernt, daß eine Problemlösung - ohne Kenntnis der Prozedurumgebung - beschrieben werden kann, ohne daß die Gefahr eines falschen Zugriffs wegen einer Namensgleichheit besteht. Somit sollten die an eine Prozedur zu übermittelnden Werte und die Ergebniswerte nicht über PUBLIC-Variable, sondern an einer *Schnittstelle* durch Parameter ausgetauscht werden.

Die Kommunikation von Prozeduren ist über einen *Parameter-Mechanismus* möglich, bei der die gerufene Prozedur durch den *DO*-Befehl in der Form

```
DO { prozedurname | befehls-dateiname }
            WITH parameter-1 [ parameter-2 ]...
```

zur Ausführung gelangt. Korrespondierend mit diesem Befehl muß in der gerufenen Prozedur - als erster Befehl - ein *PARAMETERS*-Befehl in der Form

```
PARAMETERS parameter-1 [ parameter-2 ]...
```

angegeben werden, wobei die Anzahl der Parameter mit der Anzahl der hinter dem Schlüsselwort WITH im DO-Befehl aufgeführten Parameter *übereinstimmen* muß.

Die im DO-Befehl angegebenen Parameter heißen *aktuelle* Parameter. Dies können Variable oder auch Ausdrücke sein. Die jeweiligen Werte dieser Größen werden beim Prozeduraufruf an die ihnen zugeordneten *formalen* Parameter übertragen, die innerhalb des PARAMETERS-Befehls an der - bzgl. der Reihenfolge - korrespondierenden Position als *lokale* Größen der gerufenen Prozedur angegeben sind.

Hinweis:

Formale Parameter dürfen nicht mit den Aliasnamen A, B, ... J und M benannt sein.

Ist ein aktueller Parameter eine Variable, so kann über eine innerhalb der gerufenen Prozedur erfolgende *Wertzuweisung* an den korrespondierenden formalen Parameter eine *Werteübermittlung* in die rufende Prozedur bzw. in den Bereich der PUBLIC-Variablen - beim Aufruf des DO-Befehls aus dem Dialog heraus - vorgenommen werden. Dabei wird stets der Wert der jeweils zuletzt innerhalb der Prozedur durchgeführten Zuweisung in die Variable auf der aktuellen Parameterposition gespeichert. Kennzeichnet der Name eines aktuellen Parameters sowohl eine Variable als auch ein Feld des aktuellen Satzpuffers, so wird die Variable durch den aktuellen Parameter adressiert. Soll der Name des Feldes als Parameter übergeben werden, so ist er durch einen *Aliasnamen* zu kennzeichnen.

Wollen wir etwa die im Abschnitt 12.5 vereinbarte Prozedur AVERAGE zur Ausführung bringen, ohne daß wir den Namen der Tabellen-Datei und den Feldnamen interaktiv erfragen, so können wir z.B. die Prozedur AVERAGE innerhalb der Prozedur-Datei AGREGATE.PRG in der folgenden Form vereinbaren:

```
PROCEDURE AVERAGE
PARAMETERS TABNAME_V, FELDNAME_V, AVERAGE_V
PRIVATE SUM_V, COUNT_V
SET TALK OFF
CLEAR
USE &TABNAME_V
STORE 0 TO SUM_V, COUNT_V
DO WHILE .NOT. EOF()
   STORE &FELDNAME_V + SUM_V TO SUM_V
   STORE COUNT_V + 1 TO COUNT_V
   SKIP
ENDDO
STORE SUM_V / COUNT_V TO AVERAGE_V
SET TALK ON
RETURN
```

Die so definierte Prozedur bringen wir wie folgt zur Ausführung:

```
. SET PROCEDURE TO AGREGATE
. TABNAME = "UMSATZ"
. FELDNAME = "A_STUECK"
. MITTEL = 0
. DO AVERAGE WITH TABNAME, FELDNAME, MITTEL
. ?"Der durchschnittliche Wert ist:", MITTEL
```

Dadurch wird die Prozedur AVERAGE mit den drei aktuellen Parametern TABNAME, FELDNAME und MITTEL aufgerufen. Über die Variable MITTEL soll der errechnete Durchschnittswert zurückgemeldet werden. Obwohl der gerufenen Prozedur AVERAGE über diese Variable kein Wert übergeben wird, muß dieser aktuelle Parameter zuvor als Variable eingerichtet sein, was durch die vorausgehende Zuweisung

```
. MITTEL = 0
```

geschehen ist.


Aufgaben


Aufgabe 12.1
Richte die Befehls-Datei ERFSSNG.PRG ein, damit die Daten eines neuen Auftrags in den Bestand eingefügt werden können!


Aufgabe 12.2
Richte die Befehls-Datei LOESCHEN.PRG ein, damit die Einträge für ausgeführte Aufträge (logisch) gelöscht werden können!

**Aufgabe 12.3**

Richte die Prozedur-Datei AUFTRAG.PRG ein und trage die Befehlsfolgen aus ERFSSNG.PRG und LOESCHEN.PRG als Prozeduren ein.

**Aufgabe 12.4**

Verwende die Prozedur-Datei AUFTRAG.PRG zum (logischen) Löschen des Auftrags mit der Auftragsnummer 417 und zum Erfassen der Daten aus dem folgenden Auftragsformular:

```
Auftragsnummer:  421  vom: 12.11.87        zum: 10.02.88


Auftragsposition:     Teilenummer:          Teileanzahl:

. . . . . . . . . . . . . . . .       . . . . . . . . . . .       . . . . . . . . . . . .

        1                 116                   60

        2                 037                   60

        3                 128                   30

für:   Firma Schulze, Hansestraße 20, 2800 Bremen


mit Kundennummer: 177
```

**Aufgabe 12.5**

Ergänze die Prozedur-Datei AUFTRAG.PRG um die Prozedur ABFRAGE, mit der durch die Eingabe einer Kundennummer die Nummern aller bestellten Teile mit den jeweiligen Teileanzahlen auf dem Bildschirm ausgegeben werden (F2).

Führe die Prozedur ABFRAGE aus, so daß die Resultate für die Kundennummer 371 angezeigt werden!

# Anhang

## A.1 Untersuchung auf redundanzfreie Speicherung

### Normalformenlehre

Gegenstand der folgenden Erörterungen ist unsere Tabelle VERTRETER-TAETIGKEIT in der Form (siehe Abschnitt 2.1):

```
VERTRETER-TAETIGKEIT(V_NR,V_NAME,V_ANSCH,V_PROV,V_KONTO,
                     ----

                     A_NR,A_NAME,A_PREIS,A_STUECK,DATUM)
                     ---                   -----
```

Grundlegend für eine *theoretische* Untersuchung, ob Daten überflüssigerweise in einer Tabelle aufgeführt sind, ist die *Normalformenlehre* von Codd. Diese verfolgt unter anderem das Ziel, eine Tabelle so zu zergliedern, daß die Daten innerhalb der resultierenden Tabellen *redundanzfrei* auftreten. Zur Vertiefung der nachfolgenden Darstellung wird im Anhang A.2 ein Fallbeispiel zur Strukturierung von Auftragsdaten vorgestellt. Der dort aufgeführte Datenbestand bildet die Grundlage für die in diesem Buch angegebenen Übungsaufgaben.

Hinweis:

Die Normalformenlehre wurde auch deswegen entwickelt, um unerwünschte Effekte beim Einfügen (INSERT) und Löschen (DELETE) von Tabellenzeilen auf Grund von Abhängigkeiten zu vermeiden.

### Die "1. Normalform"

Zunächst ist sicherzustellen, daß sich eine Tabelle in der "*1. Normalform*" befindet. Dies bedeutet, daß jeder Wert innerhalb einer Tabellenzeile ein einzelner Wert (atomar) ist, der keine Zusammenfassung von mehreren Werten sein darf.

Weil die von uns zu untersuchende Ausgangstabelle VERTRETER-TAETIGKEIT in jeder Zeile und jeder Spalte genau einen Wert enthält, befindet sie sich bereits in der "1. Normalform", so daß sie auf die "2. Normalform" überprüft werden kann.

### Funktionale Abhängigkeit

Um zu entscheiden, ob sich eine Tabelle in der "2. Normalform" befindet, müssen wir "funktionale Abhängigkeiten" untersuchen.

Dabei ist eine Eigenschaft B von einer Eigenschaft A dann *funktional abhängig*, wenn zu jedem Wert von A höchstens ein Wert von B möglich ist.

Wir kennzeichnen diesen Sachverhalt grafisch durch das Diagramm:

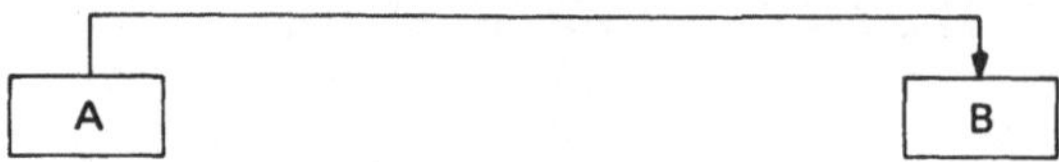

Z.B. ist V_NAME funktional abhängig von V_NR, weil zu jeder Vertreterkennzahl genau ein Vertretername gehört. Dagegen ist etwa DATUM nicht funktional abhängig von V_NR, da z.B. der Vertreterkennzahl 8413 sowohl der Datumswert "24.06.88" als auch der Datumswert "25.06.88" zugeordnet ist (siehe die Tabelle VERTRETER-TAETIGKEIT).

Grundsätzlich sind alle in einer Tabelle enthaltenen Merkmale funktional abhängig vom Identifikationsschlüssel, da durch jeden Wert dieses Schlüssels genau eine Tabellenzeile identifiziert ist.

## Die "2. Normalform"

Redundanzen treten unter anderem dann auf, wenn der Identifikationsschlüssel aus mehreren Merkmalen aufgebaut ist. Daher sind Tabellen auf ihre "2. Normalform" hin zu untersuchen, die folgendermaßen vereinbart ist:

Eine Tabelle ist dann in der "*2. Normalform*", wenn sich die Tabelle in der "1. Normalform" befindet und jede Eigenschaft, die nicht zum Identifikationsschlüssel gehört, voll funktional abhängig vom Identifikationsschlüssel ist.

Dabei bedeutet die "*volle funktionale Abhängigkeit*", daß eine derartige Eigenschaft von keinem Merkmal funktional abhängig sein darf, das Bestandteil des Identifikationsschlüssels ist. Dies besagt, daß die folgende Situation nicht vorliegen darf:

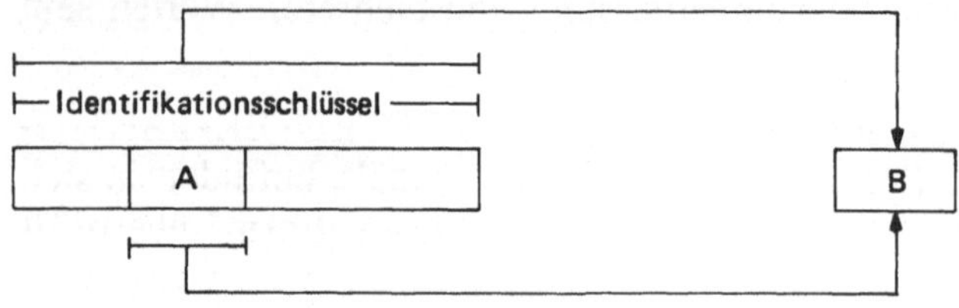

In dieser Konstellation ist der Identifikationsschlüssel aus mehreren Schlüsselwerten aufgebaut und die Eigenschaft B sowohl funktional abhängig vom Identifikationsschlüssel als auch von der Eigenschaft A als Teil des Identifikationsschlüssels.

Die Tabelle VERTRETER-TAETIGKEIT befindet sich nicht in der "2. Normalform", da gilt:

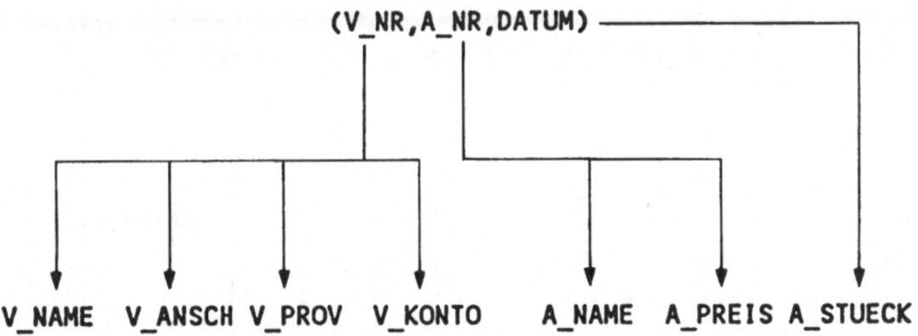


V_NAME, V_ANSCH, V_PROV und V_KONTO sind sowohl funktional abhängig vom Identifikationsschlüssel (V_NR,A_NR,DATUM) als auch vom Schlüsselbestandteil V_NR. A_NAME und A_PREIS sind sowohl funktional abhängig vom Identifikationsschlüssel (V_NR,A_NR,DATUM) als auch vom Schlüsselbestandteil A_NR. Allein zu A_STUECK existiert kein Schlüsselbestandteil, von dem A_STUECK funktional abhängig ist.

## Projektion

Bei einer Tabelle, die nicht in der "2. Normalform" ist, muß der zusammengesetzte Identifikationsschlüssel geeignet aufgespaltet und die Tabelle entsprechend zerlegt werden.

Wir stellen uns die Aufgabe, die Tabelle VERTRETER-TAETIGKEIT so zu zergliedern, daß sie aus den resultierenden Basistabellen rekonstruierbar ist (verlustfreie Zerlegung) und sich diese Basistabellen sämtlich in der "2. Normalform" befinden. Dazu leiten wir die Tabellen VERTRETER, ARTIKEL und UMSATZ aus der Tabelle VERTRETER-TAETIGKEIT durch Projektionen ab.

Eine *Projektion* führen wir dadurch aus, daß wir neue Tabellen erstellen, wobei wir ausgewählte Tabellenspalten der Ausgangstabelle weglassen. Dies kennzeichnen wir schematisch durch das Diagramm:

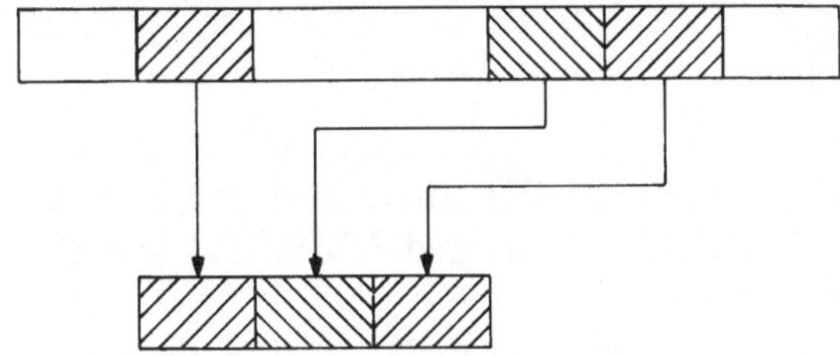

In der resultierenden Tabelle löschen wir die durch die Projektion evtl. entstandenen gleichen Tabellenzeilen, da wir die Redundanzfreiheit der Tabellen anstreben.

In unserem Fall führen wir die Projektionen in folgender Weise durch:

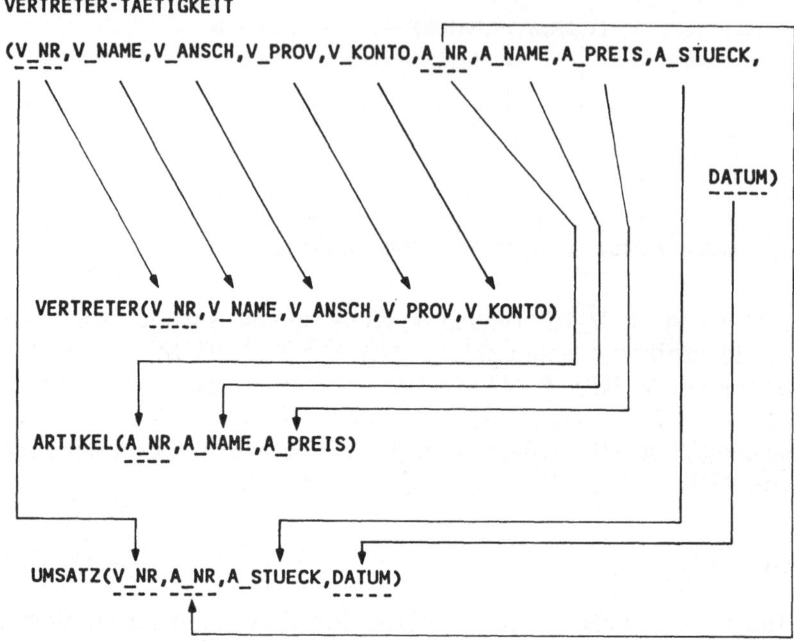


## Verbund

Zur Wiederherstellung der Ausgangstabelle aus den Basistabellen muß ein *Verbund* (Join) durchgeführt werden. Dazu sind die Identifikationsschlüsselwerte abzugleichen und die Werte von korrespondierenden Tabellenzeilen zu einer neuen Tabellenzeile zusammenzufassen, was sich schematisch durch das folgende Diagrammkennzeichnen läßt:

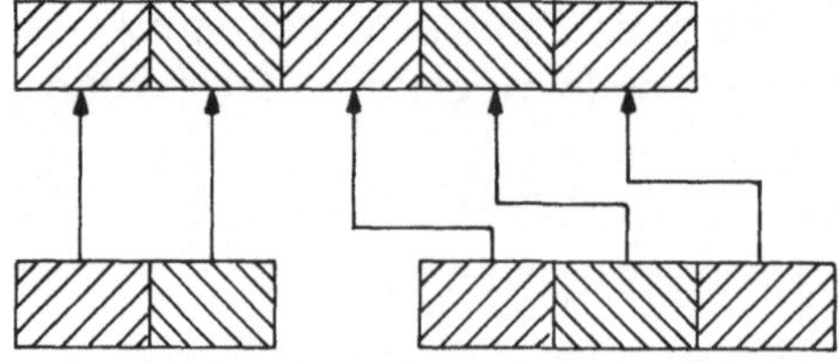

Soll die Ausgangstabelle VERTRETER-TAETIGKEIT aus den durch Projektionen ermittelten Tabellen VERTRETER, ARTIKEL und UMSATZ wiedergewonnen werden, so ist wie folgt zu verfahren:

Ausgehend von der 1. Tabellenzeile von UMSATZ werden über die Inhalte von V_NR und A_NR die korrespondierenden Tabellenzeilen von VERTRETER und ARTIKEL identifiziert. Anschließend werden die Werte aus den drei Tabellenzeilen zu einer neuen Tabellenzeile zusammengestellt, wobei die Schlüsselwerte von V_NR und A_NR nur einmal übernommen werden. Dieses Verfahren wird fortgesetzt, bis alle Zeilen der Tabelle UMSATZ durchlaufen sind. Als Resultat dieses Verbunds erhalten wir die Tabelle VERTRETER-TAETIGKEIT, die zuvor durch Projektionen zergliedert wurde.

## Die "3. Normalform"

Durch die oben angegebenen Projektionen haben wir die Tabellen VERTRE-TER, ARTIKEL und UMSATZ in die "2. Normalform" überführt. Um das angestrebte Ziel der Redundanzfreiheit zu erreichen, müssen sich die Tabellen in der "3. Normalform" befinden.

Dabei besitzt eine Tabelle dann die "*3. Normalform*", wenn sie die "2. Normalform" hat, und jede Eigenschaft, die nicht zum Identifikationsschlüssel gehört, *nicht transitiv funktional* abhängig vom Identifikationsschlüssel ist. Dies bedeutet, daß die folgende Situation nicht vorliegen darf:

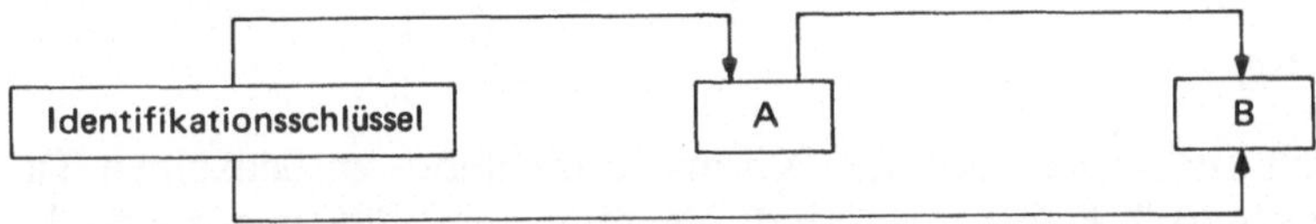


Wir stellen fest, daß sich alle drei Tabellen VERTRETER, ARTIKEL und UMSATZ in der "3. Normalform" befinden. Dabei ist zu bedenken, daß A_PREIS deswegen nicht funktional abhängig von A_NAME ist, weil Oberhemden zum Preis von 39.80 DM als auch von 44.20 DM umgesetzt werden. Auch V_ANSCH ist nicht funktional abhängig von V_NAME, weil nicht ausgeschlossen werden kann, daß zwei gleichnamige Vertreter mit verschiedenen Anschriften im Unternehmen beschäftigt sein können.

Anders wäre dies z.B., falls wir in der Tabelle VERTRETER zusätzlich noch Angaben über die Gebiete hätten, in denen die Vertreter tätig sind, so daß sich diese Tabelle - zur Unterscheidung nennen wir sie vorübergehend VERTRE-TER-GEBIET - etwa so darstellen würde:

```
VERTRETER-GEBIET(V_NR,   V_NAME,          V_ANSCH, ...
                 ----

                 8413 Meyer, Emil   Wendeweg 10, 2800 Bremen

                 5016 Meier, Franz  Kohlstr. 1, 2800 Bremen

                 1215 Schulze,Fritz Gemüseweg 3, 2800 Bremen


              ...V_PROV,  V_KONTO, G_NR,    G_NAME)
                 0.07     725.15      1  Ostfriesland

                 0.05     200.00      2  Land Bremen

                 0.06      50.50      1  Ostfriesland
```

In diesem Fall wäre G_NAME von G_NR und G_NR von V_NR funktional abhängig, d.h. G_NAME wäre von V_NR transitiv funktional abhängig, so daß die "3. Normalform" über Projektionen erreicht werden müßte. Dabei wäre VERTRETER-GEBIET in folgender Weise auf die Tabellen VERTRETER und GEBIET zu projizieren:

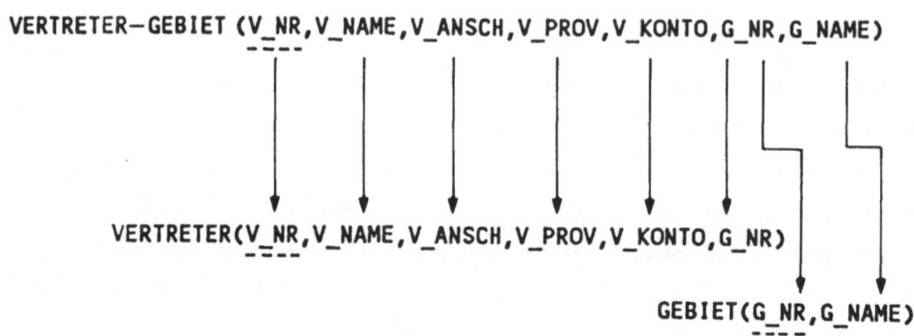


## Zusammenfassung

Wir gelangen durch die Anwendung der Normalformenlehre zu denselben Tabellen, die im Abschnitt 2.1 abgeleitet sind. Es zeigt sich, daß wir durch die Ausführung der Normalisierungen schrittweise eine jeweils redundanzfreiere Strukturierung des Datenbestands erreicht haben und daß letztlich die drei resultierenden Tabellen VERTRETER, ARTIKEL und UMSATZ redundanzfrei aufgebaut sind.

Werden Tabellen aus inhaltlich orientierten Erwägungen aus einer Ausgangstabelle abgeleitet, so ist es selbstverständlich ausreichend, allein diese abgeleiteten Tabellen - ohne Rückgriff auf die Ausgangstabelle - auf ihre Normalformen hin zu untersuchen. Nur bei den Tabellen, die sich noch nicht in der "3. Normalform" befinden, sind dann weitere geeignete Projektionen durchzuführen, damit die redundanzfreie Speicherung ermöglicht wird.

Hinweis:

Nicht immer garantiert die "3. Normalform" eine vollständig redundanzfreie Speicherform. Für unsere Darstellung soll jedoch das Kriterium der "3. Normalform" genügen.

# A.2 Fallbeispiel zur Strukturierung von Auftragsdaten

## Datenbestand

Als weiteres Beispiel dafür, wie wir Zugriffsschlüssel festlegen und einen Datenbestand redundanzfrei speichern können, geben wir die Strukturierung eines Auftragsdatenbestands an. Dabei verstehen wir unter einem Auftragsdatenbestand die Gesamtheit aller Aufträge, die durch die folgenden Merkmale gekennzeichnet sind:

- die Auftragsnummer (AUFNR),

- das Bestelldatum (DATUM),

- den Fertigstellungstermin (TERMIN) und

- die Gesamtheit der Auftragspositionen, wobei jede Position

    - eine Positionsnummer (POSNR),

    - eine Teilenummer (TEILENR),

    - die Anzahl der Teile (TEILEANZ) enthält und

- die Kundendaten, wobei jeder Kunde gekennzeichnet ist durch

    - eine Kundennummer (KDNR),

    - den Namen (KDNAME) und

    - die Anschrift (KDANSCH).

Die diesbezüglich vorhandenen Daten sind für jeden Auftrag in einem Auftragsformular eingetragen, z.B.:

```
Auftragsnummer:  416  vom: 11.11.87        zum: 05.02.88


Auftragsposition:       Teilenummer:          Teileanzahl:

. . . . . . . . . . . . . . .    . . . . . . . . . . . .      . . . . . . . . . . . .

        1                 116                   60

        2                 037                   60

        3                 128                   30

für:  Firma Meyer, Walterweg 10, 2800 Bremen

mit Kundennummer: 317
```

## Informationswiedergewinnung

Wir stellen uns die Aufgabe, für den Auftragsbestand ein Datenmodell zu entwickeln und Zugriffsschlüssel festzulegen, so daß die folgenden Fragen im
Rahmen der Informationswiedergewinnung beantwortet werden können:

- F1: Ermittlung des Auftragsbestands je Teilenummer   (a)

- F2: Ermittlung des Auftragsbestands·je Kunde          (b)

- F3: Ermittlung von Datum und Termin je Auftrag        (c)

- F4: Ermittlung der Teileanzahlen je Auftrag           (d)

- F5: Ermittlung der Kundendaten je Auftrag             (e)

Zunächst geben wir für jede einzelne Frage eine geeignete Tabellen-Struktur
an, in der wir den Identifikationsschlüssel durch das Unterstreichungszeichen
"_" und den jeweils erforderlichen Zugriffsschlüssel durch eine Punktunter-
streichung markieren:

```
(a) F1(TEILENR, AUFNR, POSNR, TEILEANZ, TERMIN)


(b) F2(KDNR, AUFNR, POSNR, TEILENR, TEILEANZ)


(c) F3(AUFNR, DATUM, TERMIN)


(d) F4(AUFNR, POSNR, TEILEANZ)


(e) F5(AUFNR, KDNR, KDNAME, KDANSCH)
```

## Überführung in die "3. Normalform"

Die unter (a) bis (e) angegebenen Tabellen sind nicht sämtlich in der "3. Normalform". Im folgenden geben wir die Defizite stichwortartig an und nehmen

die jeweils erforderlichen Projektionen vor, so daß sich abschließend alle resultierenden Tabellen in der "3. Normalform" befinden.

(a) Es besteht keine volle funktionale Abhängigkeit:

F1(TEILENR, AUFNR, POSNR, TEILEANZ, TERMIN)


    Es resultieren:

F11(TEILENR, AUFNR, POSNR, TEILEANZ) und F12(AUFNR, TERMIN)


(b) Es besteht keine volle funktionale Abhängigkeit:

    F2(KDNR, AUFNR, POSNR, TEILENR, TEILEANZ)


    Es resultieren:

F21(KDNR, AUFNR)  und F22(AUFNR, POSNR, TEILENR, TEILEANZ)


(c) F3(AUFNR, DATUM, TERMIN)   ist in "3. Normalform"!


(d) F4(AUFNR, POSNR, TEILEANZ)   ist in "3. Normalform"!


(e) Es liegen transitive Abhängigkeiten vor:

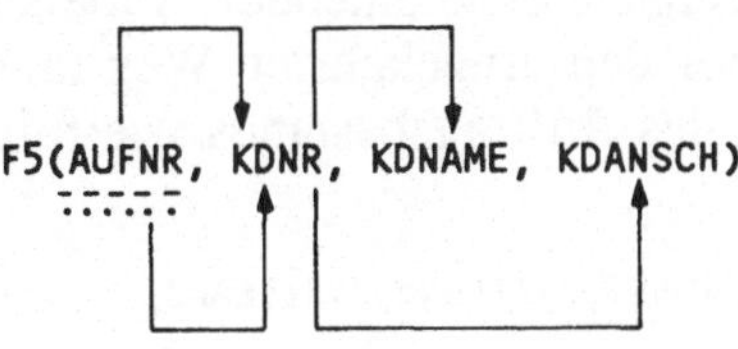

    F5(AUFNR, KDNR, KDNAME, KDANSCH)


    Es resultieren:

    F51(AUFNR, KDNR)        und  F52(KDNR, KDNAME, KDANSCH)

## Speicherreduktion

Die abgeleiteten Tabellen fassen wir jetzt so zusammen, daß die Speicheranforderung zur Ablage der Tabellen insgesamt verringert wird.

Dazu verbinden wir die Tabellen F12, F21, F3 und F51 zur Tabelle:

```
    F12_21_3_51(AUFNR, KDNR, DATUM, TERMIN)
               .......  .....
```

Die Tabellen F11, F22 und F4 verbinden wir zur Tabelle:

```
    F11_22_4(AUFNR, POSNR, TEILENR, TEILEANZ)
            .......  .....          ........
```

Als ursprünglich abgeleitete Tabelle übernehmen wir:

```
        F52(KDNR, KDNAME, KDANSCH)
           ......
```

Anstelle der bei der Ableitung verwendeten formalen Tabellennamen vergeben wir die durch die Anwendung bestimmten Namen AUFTRAG, AUFPOS und KUNDE. Als Datenmodell für den Auftragsbestand im Hinblick auf die oben formulierten Anforderungen für die Informationswiedergewinnung erhalten wir somit die folgenden Tabellen:

```
    AUFTRAG(AUFNR, KDNR, DATUM, TERMIN)
           .....  .....

    AUFPOS(AUFNR, POSNR, TEILENR, TEILEANZ)
          .....  .....           .........

    KUNDE(KDNR, KDNAME, KDANSCH)
         ....
```

## Zergliederung der Basistabelle

Wir sind bei der oben angegebenen Darstellung von den Fragen F1 bis F5 ausgegangen und haben anschließend die geeignet erscheinenden Tabellen einer Normalisierung unterzogen. Jetzt gehen wir den umgekehrten Weg und fassen als erstes die Merkmale zur Beschreibung des Auftragsbestands wie folgt in einer Tabelle zusammen:

```
    AUFTRAGSBESTAND (AUFNR, DATUM, TERMIN, POSNR, TEILENR, TEILEANZ,
                     .....                 .....

                            KDNR, KDNAME, KDANSCH)
```

Unser Ziel besteht zunächst darin, diese Tabelle so zu zergliedern, daß sich die resultierenden Tabellen sämtlich in "3. Normalform" befinden.

Funktionale Abhängigkeit besteht jeweils zwischen AUFNR und den Merkmalen DATUM, TERMIN, KDNR, KDNAME und KDANSCH. Daher projizieren wir die Tabelle AUFTRAGSBESTAND und erhalten die Tabelle

```
AUFPOS(AUFNR, POSNR, TEILENR, TEILEANZ)
```

und die Tabelle:

```
AUFTRAG_KUNDE(AUFNR, DATUM, TERMIN, KDNR, KDNAME, KDANSCH)
```

Die Tabelle AUFPOS befindet sich bereits in der "3. Normalform". Dagegen besitzt die Tabelle AUFTRAG_KUNDE nicht die "3. Normalform", da folgende transitive Abhängigkeiten bestehen:

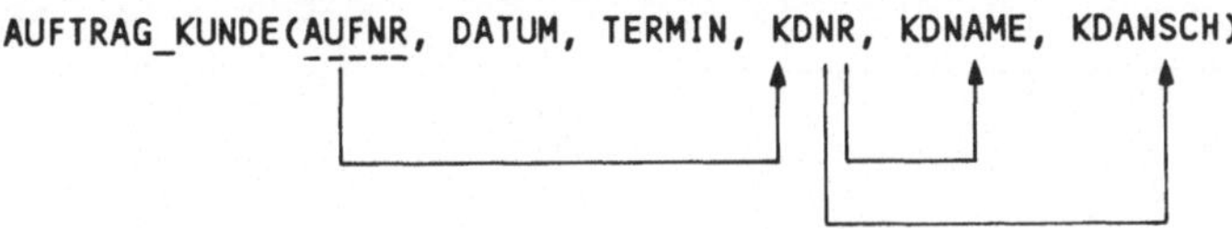


Die beiden erforderlichen Projektionen ergeben die Tabelle

```
AUFTRAG(AUFNR, DATUM, TERMIN, KDNR)
```

und die Tabelle:

```
KUNDE(KDNR, KDNAME, KDANSCH)
```

Somit führt die Normalisierung zur gleichen Tabellen-Struktur (jedoch noch ohne Zugriffsschlüssel!), wie wir sie oben abgeleitet haben.

## Bestimmung der Zugriffsschlüssel

Um mit diesen Tabellen die Fragen F1 bis F5 zur Informationswiedergewinnung beantworten zu können, legen wir die Zugriffsschlüssel wie folgt fest:

für F1:
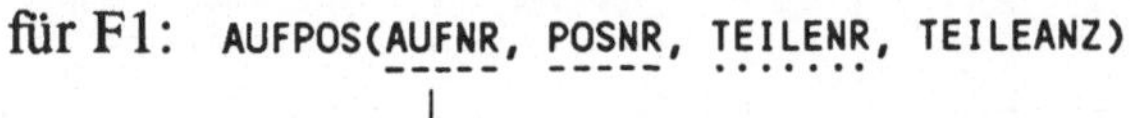




für F2:
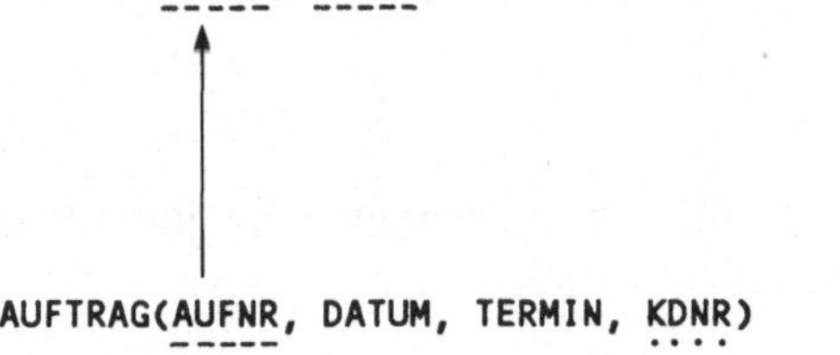

für F3:  AUFTRAG(AUFNR, DATUM, TERMIN, KDNR)

für F4:  AUFPOS(AUFNR, POSNR, TEILENR, TEILEANZ)

für F5:  AUFTRAG(AUFNR, DATUM, TERMIN, KDNR)

          KUNDE(KDNR, KDNAME, KDANSCH)

## Datenmodell

Insgesamt erhalten wir als Datenmodell für den Auftragsbestand die folgende Tabellen-Struktur:

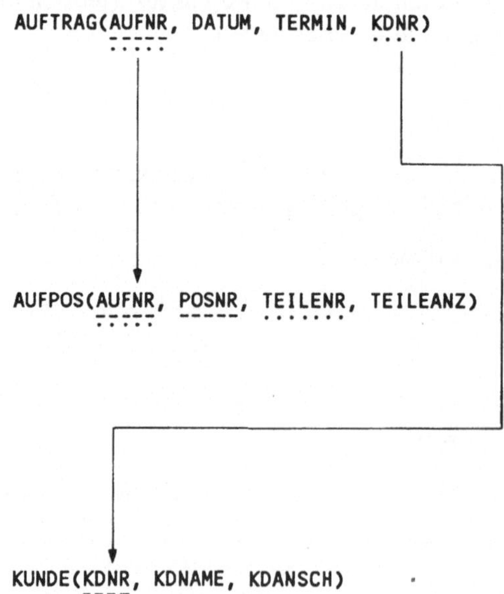


Dieses Modell bildet die Grundlage für die Aufgaben, die jeweils zum Abschluß der Kapitel angegeben sind.

# A.3 Die Konfigurations-Datei CONFIG.DB

Sollen die standardmäßigen Voreinstellungen für das dBASE-System geändert werden, so muß die Konfigurations-Datei *CONFIG.DB* in dem Haupt- bzw. Unterverzeichnis vorhanden sein, von wo aus das dBASE-System gestartet wird. Vor Dialogbeginn wird der Inhalt dieser Datei, die in einer Basisform auf der Installations-Diskette der Firma Ashton-Tate ausgeliefert wird, vom dBASE-System ausgewertet. Unter anderem läßt sich durch geeignete Angaben in die CONFIG.DB-Datei auf die Größe von Speicherbereichen und die Voreinstellung von SET-Befehlen Einfluß nehmen. Die Datei CONFIG.DB ist eine *Text-Datei*, die sich mit einem Editierprogramm wie z.B. EDLIN bearbeiten läßt. Enthält diese Datei etwa die beiden Zeilen

```
COMMAND = ASSIST
HISTORY = 100
```

so ist dadurch festgelegt, daß zum Beginn des Dialogs das ASSIST-Menü angezeigt wird und der interne Befehlsspeicher Platz für 100 Befehle hat.

Grundsätzlich besteht jede Zeile von CONFIG.DB aus einer Zuordnung, die folgendermaßen aufgebaut ist:

```
schlüsselwort = wert
```

Die in dieser Form möglichen Zuweisungen geben wir nachfolgend an. Dabei kennzeichnen die Angaben "&&" und "*" Kommentare (siehe Abschnitt 11.1), die zur Erläuterung dienen und beim Eintrag der ausgewählten Zuweisungen in der Datei CONFIG.DB nicht angegeben werden müssen. Die jeweilige Voreinstellung bei der Alternative "{ ON | OFF }" markieren wir durch Großschreibung.

```
ALTERNATE = text-dateiname  && siehe Abschnitt 5.4

BELL = { ON | off }         && akustisches Signal am Feldende

*                           && bei der Dateneingabe

BUCKET = ganzzahl           && ganzzahl (Voreinstellung: 2)

*                           && * 1024

*                           && Zeichen werden für Picture-

*                           && Schablonen

*                           && und Bereichsüberprüfungen

*                           && reserviert:

*                           && maximal 31 (siehe Abschnitt 6.5)

CARRY = { on | OFF }        && siehe Abschnitt 4.1
```

```
CATALOG = katalog-dateiname && siehe Abschnitt 10.4

CENTURY = { on | OFF }        && Ausgabe des Jahrhundertwerts

COMMAND = befehl           && dBASE-Befehl, der bei Dialogbe-

*                          && ginn

*                          && ausgeführt werden soll

CONFIRM = { on | OFF }     && automatische

*                          && Cursorpositionierung beim

*                          && Editieren am Feldende

CONSOLE = { ON | off }     && stellt die Bildschirmausgabe

*                          && bei Ausführung einer

*                          && Befehlsfolge ein bzw. aus

DEBUG = { on | OFF }       && siehe Abschnitt 11.4

DECIMALS = ganzzahl        && Stellenzahl (0 bis 14) bei der

*                          && Augabe numerischer Werte

DEFAULT = laufwerksbezeichnung  && siehe Abschnitt 3.3

DELETED = { on | OFF }        && siehe Abschnitt 6.4

DELIMITER = { on | OFF }      && siehe Abschnitt 4.1

DELIMITER = zwei-zeichen      && siehe Abschnitt 4.1

DEVICE = { SCREEN | PRINT } && Ausgabe von @-Befehlen mit

*                          && SAY

ECHO = { on | OFF }        && siehe Abschnitt 11.4

ESCAPE = { ON | off }      && Abbruch bei Druck der

*                          && Escape-Taste

EXACT = { on | OFF }       && siehe Abschnitt 5.3

GETS = ganzzahl            && ganzzahl @-Befehle mit GET

*                          && (Voreinstellung: 128) können

*                          && gleichzeitig aktiviert sein

*                          && (35 bis 1023)

HEADING = { ON | off }     && siehe Abschnitt 5.4

HELP = { ON | off }        && Ausgabe einer Anfrage im

*                          && Fehlerfall

HISTORY = ganzzahl         && Größe des Befehlsspeichers

*                          && (0 bis 16000),
```

```
*                          && Voreinstellung: 20
*                          && siehe Abschnitt 3.3
INTENSITY = { ON | off }   && siehe Abschnitt 4.1
MARGIN = ganzzahl          && Abstand zum linken Druckrand
*                          && (1 bis 254),Voreinstellung:0
MAXMEM = ganzzahl K  && Mindestspeichergröße, die bei
*                    && Ausführung eines anderen Programms
*                    && nicht abgegeben wird (256K bis
*                    && 720K), Voreinstellung: 256K
MEMOWIDTH = ganzzahl && siehe Abschnitt 5.4
MENU = { ON | off }  && Anzeige der Möglichkeiten für die
*                    && Cursorsteuerung bei menü-
*                    && orientierten Befehlen
MVARSIZ = ganzzahl   && Speichergröße für den Variablen-
*                    && Bereich
*                    && (1K bis 31K), Voreinstellung: 6K
PATH = liste-von-pfadnamen && Einstellung des Suchpfads
*                          && für den Zugriff auf
*                          && vorhandene Dateien
PRINT = { on | OFF }    && siehe Abschnitt 5.4
PROMPT = zeichenfolge   && Vereinbarung der
*                       && Promptzeichenfolge
SAFETY = { ON | off }   && Sicherung vorhandener
*                       && Dateien
*                       && gegenüber Überschreiben
SCOREBOARD = { ON | off }  && Ausgaben in die Meldungs-
*                          && Zeile
STATUS = { ON | off }   && siehe Abschnitt 3.3
STEP = { on | OFF }     && siehe Abschnitt 11.4
TALK = { ON | off }     && siehe Abschnitt 11.4
TEDIT = editierprogrammname && Ausführung bei MODIFY
*                           && COMMAND
TYPEAHEAD = ganzzahl    && Puffergröße für
```

```
*                               && Tastatureingabe (0 bis

*                               && 32000), Voreinstellung: 20

UNIQUE = { on | OFF }           && Behandlung von Sätzen mit

*                               && gleichem Satzschlüssel bei

*                               && der Indexierung

VIEW = view-dateiname           && siehe Abschnitt 10.3

WP = editierprogrammname        && Ausführung bei Editierung

*                               && von Memo-Feldern
```

Bis auf die Schlüsselwörter BUCKET, COMMAND, GETS, MAXMEM,
MVARSIZ, PROMPT, TEDIT und WP können sämtliche Voreinstellungen im
Dialog mit dem dBASE-System in der Form

```
SET schlüsselwort TO wert
```

bzw. durch

```
SET schlüsselwort { ON | OFF }
```

geändert werden. Darüberhinaus lassen sich die Zuweisungen auch menü-
gesteuert in der Form

```
SET
```

durchführen. Zur Sicherung der vorgenommenen Änderungen ist in diesem Fall
die Escape-Taste zu drücken.

## A.4 Dateneingabe aus Fremd-Dateien

Zur Datenübertragung in Tabellen-Dateien können Daten aus Text-Dateien
(SDF) bzw. aus Dateien verwendet werden, die zuvor durch die Anwendersysteme VisiCalc (DIF), Multiplan (SYLK) und Lotus 1-2-3 (WKS) zur Tabellenkalkulation aufgebaut wurden. Dazu ist der *APPEND FROM*-Befehl in der
Form

```
APPEND FROM dateiname TYPE { SDF | DIF | SYLK | WKS }
```

einzusetzen. Bei Text-Dateien müssen die Daten in jedem Datensatz gemäß der
vereinbarten Struktur der Tabellen-Datei unmittelbar aufeinanderfolgen. Abweichungen davon sind nur dann erlaubt, wenn der *APPEND FROM*-Befehl in
der Form

```
APPEND FROM dateiname
         DELIMITED [ WITH { begrenzungssymbol | BLANK } ]
```

eingegeben wird.

Liegen etwa die Daten - abgegrenzt durch jeweils ein Komma - in der Form

```
12,Oberhemd,39.80
22,Mantel,360.00
11,Oberhemd,44.20
13,Hose,110.50
```

in der Text-Datei ARTIKEL.TXT vor, und ist die Tabellen-Datei
ARTIKEL.DBF - wie im Abschnitt 4.1 beschrieben - eingerichtet worden, so
wird die Datenübertragung durch die Befehle

```
. USE ARTIKEL
. APPEND FROM ARTIKEL.TXT DELIMITED
```

ausgeführt. Ist allein das Schlüsselwort DELIMITED angegeben, so wird unterstellt, daß die Daten jeweils durch Kommata voneinander getrennt sind.

Werden die Daten durch Leerzeichen abgegrenzt, etwa in der Form

```
12    Oberhemd    39.80
22    Mantel      360.00
11    Oberhemd    44.20
13    Hose        110.50
```

so ist die Klausel "DELIMITED WITH BLANK" aufzuführen, so daß in diesem Fall die Befehle

```
. USE ARTIKEL
. APPEND FROM ARTIKEL.TXT DELIMITED WITH BLANK
```

einzugeben sind.

Sollen alphanumerische Werte übertragen werden, in denen ein oder mehrere
Kommata auftreten - wie etwa bei den in der Form

```
8413,"Meyer, Emil","Wendeweg 10, 2800 Bremen",0.07,725.15
5016,"Meier, Franz","Kohlstr. 1, 2800 Bremen",0.05,200.00
1215,"Schulze, Fritz","Gemüseweg 3, 2800 Bremen",0.06,50.50
```

innerhalb der Datei VRTRTR.TXT abgespeicherten Vertreterdaten -, so sind
die Zeichenfolgen durch ein Begrenzungssymbol zu markieren. In unserem Fall
haben wir das Zeichen (") zur Einleitung und zur Endebegrenzung verwendet,
so daß wir für die Datenübertragung in die entsprechend eingerichtete Tabellen-
Datei VRTRTR.DBF (siehe Abschnitt 4.1) die Befehle

```
. USE VRTRTR
. APPEND FROM VRTRTR.TXT DELIMITED WITH "
```

eingeben müssen. Liegt ein anderes Begrenzungssymbol vor, so ist dieses Zeichen - anstelle des Anführungszeichens (") - hinter dem Schlüsselwort WITH
aufzuführen.

Sind Daten nicht in einer Text-Datei, sondern in einer Datei gemäß dem
PFS:FILE-Dateiformat gespeichert, so muß anstelle des APPEND FROM-Be-
fehls der *IMPORT FROM*-Befehl in der Form

```
IMPORT FROM dateiname TYPE PFS
```

eingegeben werden. Dadurch wird eine Tabellen-Datei, eine zugehörige Format-Datei und auch eine View-Datei vom dBASE-System eingerichtet.

# A.5 Funktionen

Zur Ermittlung von Werten, die sich aus vorgegebenen Größen ableiten lassen, stellt das dBASE-System eine Reihe von möglichen Funktionsaufrufen zur Verfügung. Jeder *Funktionsaufruf* muß in der Form

```
funktionsname( [ argument-1 [, argument-2 ]... ] )
```

erfolgen. Dabei ist die Anzahl der möglichen Argumente von der jeweiligen Funktion abhängig.

So liefert z.B.

```
STR(725.15, 6, 2)
```

die Zeichenfolge "725.15", während

```
STR(725.15, 3)
```

die Zeichenfolge "725" ergibt.

Funktionsaufrufe dürfen auch geschachtelt werden, so daß z.B. ein am 26.6.88 durchgeführter Aufruf von

```
DTOC( DATE() )
```

zur Zeichenkette "26.06.88" führt und der Aufruf

```
MONTH( DATE() )
```

den Ergebniswert 6 liefert.

Die anschließend angegebenen Funktionsaufrufe sind nach Funktionsgruppen gegliedert. Als Abkürzung für "numerischen Ausdruck", "ganze Zahl" und "Zeichenfolge" verwenden wir die Namen "num-ausdruck", "ganzzahl" und "zchflg".

## Mathematische Funktionen

```
ABS(num-ausdruck) :
```
absoluter Wert


```
EXP(num-ausdruck) :
```
Wert der Exponentialfunktion


```
INT(num-ausdruck) :
```
Abschneiden von Nachkommastellen

`LOG(num-ausdruck)` :
Funktionswert des natürlichen
Logarithmus

`MAX(num-ausdruck-1, num-ausdruck-2)` :
der größere der beiden Werte

`MIN(num-ausdruck-1, num-ausdruck-2)` :
der kleinere der beiden Werte

`MOD(num-ausdruck-1, num-ausdruck-2)` :
Divisionsrest bei Division von
num-ausdruck-1 durch num-ausdruck-2

`ROUND(num-ausdruck, ganzzahl)` :
auf ganzzahl Nachkommastellen gerun-
deter Wert num-ausdruck

`SQRT(positiver-num-ausdruck)` :
positive Quadratwurzel

## Funktionen zur Zeichenverarbeitung

`AT(zchflg-1, zchflg-2)` :
erste Zeichenposition in zchflg-2,
ab der zchflg-1 identisch vorkommt

`LEFT(zchflg, ganzzahl)` :
ganzzahl lange Teilzeichenfolge von zchflg,
die ab Zeichenposition 1 in zchflg beginnt

`LEN(zchflg)` :
Anzahl der Zeichen von zchflg

`LOWER(zchflg)` :
nur aus Kleinbuchstaben bestehende
Zeichenfolge

`LTRIM(zchflg)` :
Zeichenfolge ohne führende Leerzeichen

`REPLICATE(zchflg, ganzzahl)` :
aus ganzzahl-facher Wiederholung von
zchflg entstandene Zeichenfolge

`RIGHT(zchflg, ganzzahl)` :
ganzzahl lange Teilzeichenfolge von zchflg,
die mit dem letzten Zeichen von zchflg endet

`RTRIM(zchflg)` :
Zeichenfolge ohne Leerzeichen am Zeichenfolgenende

`SPACE(ganzzahl)` :
Zeichenfolge aus ganzzahl Leerzeichen

`STUFF(zchflg-1, ganzzahl-1, ganzzahl-2, zchflg-2)` :
die in zchflg-1 ab der Position ganzzahl-1
enthaltene Teilzeichenfolge der Länge
ganzzahl-2 wird ersetzt durch zchflg-2

`SUBSTR(zchflg, ganzzahl-1, ganzzahl-2)` :
ganzzahl-2 lange Teilzeichenfolge von zchflg,
die ab Zeichenposition ganzzahl-1 beginnt

`TRANSFORM(zchflg, PICTURE-schablone)` :
Zeichenfolge, die durch die Aufbereitung
von zchflg durch die PICTURE-Schablone entsteht

`TRIM(zchflg)` :
Zeichenfolge ohne Leerzeichen am Zeichenfolgenende

`UPPER(zchflg)` :
nur aus Großbuchstaben bestehende Zeichenfolge

## Funktionen zur Umwandlung des Datenformats

`ASC(zchflg)` :
ASCII-Kodewert des ersten Zeichens von zchflg


`CHR(ganzzahl)` :
Zeichen, dessen ASCII-Kodewert gleich
ganzzahl ist


`CTOD(zchflg)` :
der interne Datumswert, welcher dem als
Zeichenfolge in der Form "tt.mm.jj" angegebenen Datumswert entspricht


`DTOC(datumswert)` :
Zeichenfolge, die dem Datumswert entspricht


`STR(num-ausdruck, ganzzahl-1[, ganzzahl-2])` :
Zeichenfolge aus ganzzahl-1 Zeichen mit der
Zeichendarstellung von num-ausdruck (bei
nicht-ganzzahligem Ausdruck werden ganz-
zahl-2 Nachkommastellen berücksichtigt)


`VAL(zchflg)` :
numerischer Wert, dessen Zeichendarstellung
gleich der angegebenen Zeichenfolge ist


## Datumsfunktionen

`CDOW(datumswert)` :
Zeichenfolge mit dem Namen des Wochentags


`CMONTH(datumswert)` :
Zeichenfolge mit dem Namen des Monats


`DATE()` :
Zeichenfolge mit dem DOS-Systemdatum
in der Form "tt.mm.jj"

`DAY(datumswert)` :
ganzzahlige Tagesangabe innerhalb des Monats

`DOW(datumswert)` :
ganzzahlige Tagesangabe innerhalb der Woche

`MONTH(datumswert)` :
ganzzahlige Monatsangabe innerhalb des Jahres

`TIME()` :
Zeichenfolge mit der DOS-Systemzeit in der
Form "hh:mm:ss"

`YEAR(datumswert)` :
(vierstellige) ganzzahlige Jahresangabe

## Funktionen zur Bearbeitung von Tabellen-Dateien

`BOF()` :
zeigt an, ob der erste Satz der aktuelle Satz ist

Hinweis:

Trifft dies zu, so ergibt sich der logische Wert ".T." (für "true"), andernfalls ist der
Funktionswert gleich ".F." (für "false"). Diese Vereinbarung gilt für alle nachfolgend
aufgeführten logischen Funktionen.

`DBF()` :
Zeichenfolge mit dem Namen der im aktuellen
Arbeitsbereich angemeldeten Tabellen-Datei

`DELETED()` :
zeigt an, ob der aktuelle Satz löschmarkiert ist

`EOF()` :
zeigt an, ob hinter den letzten in der
Tabellen-Datei vorhandenen Satz positioniert wurde

`FIELD(ganzzahl)` :
Zeichenfolge mit dem Feldnamen, dessen Position
innerhalb der Tabellen-Datei-Struktur durch ganzzahl bestimmt ist

**FILE(zchflg)** :
zeigt an, ob der als Zeichenfolge angegebene
Dateiname existiert

**FOUND()** :
zeigt an, ob die vorausgehende Positionierung
innerhalb der Tabellen-Datei erfolgreich war

**LUPDATE()** :
Wert des Datums, an dem die Tabellen-Datei
letztmalig verändert wurde

**NDX(ganzzahl)** :
Zeichenfolge mit dem Namen der Index-Datei,
dessen Position in der Liste der angemeldeten
Index-Dateien durch ganzzahl angezeigt wird

**RECCOUNT()** :
Anzahl der Sätze innerhalb der aktuellen
Tabellen-Datei

**RECNO()** :
Nummer des aktuellen Satzes

**RECSIZE()** :
Anzahl der Zeichen, die für jeden Satz der
aktuellen Tabellen-Datei benötigt werden


## Funktionen für Drucker und Bildschirm

**COL()** :
aktuelle Spaltenposition des Cursors

**PCOL()** :
aktuelle Spaltenposition des Druckers

**PROW()** :
aktuelle Zeilenposition des Druckers

**ROW()** :
aktuelle Zeilenposition des Cursors

## DOS-spezifische Funktionen

`DISKSPACE()` :
Anzahl der frei verfügbaren Bytes auf
dem Standardlaufwerk

`GETENV(zchflg)` :
Belegung einer durch zchflg gekennzeichneten
DOS-Systemvariablen

`OS()` :
Zeichenfolge mit dem Namen der aktuellen
DOS-Betriebssystemversion

`VERSION()` :
Zeichenfolge mit dem Namen der aktuellen
Version von dBASE III PLUS

## Sonstige Funktionen

`ERROR()` :
Fehlernummer

`FKLABEL(ganzzahl)` :
Kennung einer Funktionstaste

`FKMAX()` :
Anzahl der belegbaren Funktionstasten

`IIF(bedingung, ausdruck-1, ausdruck-2)` :
ergibt ausdruck-1 bei zutreffender bzw.
ausdruck-2 bei nicht erfüllter Bedingung

`INKEY()` :
ASCII-Kodewert des unmittelbar zuvor über
die Tastatur eingegebenen Zeichens

`ISALPHA(zchflg)` :
zeigt an, ob das erste Zeichen in zchflg
alphabetisch ist

`ISCOLOR()` :
zeigt an, ob der Bildschirm im Farbmodus
arbeitet (T) oder im Monochrommodus (F)


`ISLOWER(zchflg)` :
zeigt an, ob das erste Zeichen in zchflg
ein Kleinbuchstabe ist


`ISUPPER(zchflg)` :
zeigt an, ob das erste Zeichen in zchflg
ein Großbuchstabe ist


`MESSAGE()` :
ergibt eine Zeichenfolge mit der Fehlermeldung


`READKEY()` :
ASCII-Kodewert des unmittelbar zuvor über
die Tastatur eingegebenen Zeichens bei der
Ausführung eines Menü-orientierten Befehls


`TYPE(zchflg)` :
ergibt ein Zeichen, das den Typ des als
Zeichenfolge "zchflg" angegebenen Ausdrucks
anzeigt ("C" für Zeichen, "N" für numerisch,
"L" für logisch, "M" für den Typ Memo und "U"
für eine bislang nicht definierte Größe)

# A.6 Das dBASE-Editierprogramm (MODIFY COMMAND)

Zur Editierung von Memo-Feldinhalten (bei der Ausführung des EDIT-Befehls) und von Befehls-, Prozedur-, Format- und Text-Dateien steht das *dBASE-Editierprogramm* zur Verfügung. Zur Bearbeitung von Befehls- und Prozedur-Dateien ist es durch den *MODIFY COMMAND*-Befehl in der Form

```
MODIFY COMMAND ( befehls-dateiname | prozedur-dateiname )
```

und zur Bearbeitung von Format- und Text-Dateien in der Form

```
MODIFY COMMAND grundname.( FRM | TXT )
```

aufzurufen.

Bei der Texterfassung können bis zu 5000 Zeichen mit jeweils 66 Zeichen pro Zeile eingegeben werden. Ein zu langer, d.h. aus mehr als 66 Zeichen bestehender Befehlstext ist vor dem Zeilenende - hinter dem letzten Sprachelement auf der Zeile - durch das *Semikolon* ";" zu beenden und in der nächsten Zeile - nach Einrücken um mindestens eine Zeichenposition - fortzusetzen. Reicht eine Fortsetzungszeile nicht aus, so kann der Befehl in weiteren Zeilen fortgesetzt werden. Dabei ist zu beachten, daß ein Befehl nicht mehr als 254 Zeichen umfassen darf (einleitende Leerzeichen innerhalb einer Zeile werden mitgezählt!).

Zur Editierung können die Cursorpositionierungs-Tasten, die Insert-Taste (zum Einfügen von Zeichen) und die Delete- sowie die Backspace-Taste (zum Löschen von Zeichen) verwendet werden. Ferner wird die Editierung durch die folgenden Tasten bzw. Tastenkombinationen unterstützt:

Ctrl+Y :
löscht die aktuelle Zeile

Ctrl+N :
führt vor der aktuellen Cursorposition einen Zeilenwechsel durch, so daß eine neue Zeile eingerichtet werden kann

Ctrl+KF :
durchsucht die Datei (ab der aktuellen Cursorposition) nach einer Zeichenfolge

Ctrl+KL :
durchsucht die Datei (ab der aktuellen Cursorposition) nach der Zeichenfolge, die durch den zuletzt angegebenen Suchbefehl (Ctrl+KF) festgelegt ist

Esc :
beendet die Editierung ohne Sicherung der Veränderungen

Ctrl+End :
beendet die Editierung und sichert alle Änderungen

Bild-Tief:
positioniert um 18 Zeilen nach unten

Bild-Hoch:
positioniert um 18 Zeilen nach oben

Ctrl+KR :
liest den Inhalt einer Datei vor die aktuelle Cursorposition ein

Ctrl+KW :
kopiert den gesamten Dateiinhalt in eine andere Datei

F1 :
schaltet die Tastenanzeige ein und aus

# Lösungsteil

Für die folgenden Lösungsvorschläge unterstellen wir, daß das benötigte Laufwerk voreingestellt ist - etwa durch die Ausführung des SET DEFAULT TO-Befehls "SET DEFAULT TO A".

## Lösung der Aufgabe 4.1:

```
. CREATE KUNDE
```

| Feldname | Typ | Länge | Dez |
|----------|-----|-------|-----|
| 1 KDNR | Numerisch | 3 | 0 |
| 2 KDNAME | Zeichen | 20 | |
| 3 KDANSCH | Zeichen | 30 | |

```
. APPEND FROM KUNDE.TXT TYPE SDF

      3 Sätze addiert
```

## Lösung der Aufgabe 4.2:

```
. CREATE AUFPOSKD
```

| Feldname | Typ | Länge | Dez |
|----------|-----|-------|-----|
| 1 AUFNR | Numerisch | 3 | 0 |
| 2 DATUM | Datum | 8 | |
| 3 TERMIN | Datum | 8 | |
| 4 POSNR | Numerisch | 1 | 0 |
| 5 TEILENR | Numerisch | 3 | 0 |
| 6 TEILEANZ | Numerisch | 3 | 0 |
| 7 KDNR | Numerisch | 3 | 0 |

```
. SET CARRY ON

. APPEND
```

◄─────────── Eintrag der Belegdaten

# Lösung der Aufgabe 4.3:

```
. USE KUNDE

. DISPLAY STRUCTURE

Datenbankstruktur      : A:KUNDE.dbf

Anzahl der Datensätze :        3

Letztes Änderungsdatum: 29.02.88

Feld    Feldname    Typ         Länge   Dez

   1  KDNR        Numerisch       3

   2  KDNAME      Zeichen        20

   3  KDANSCH     Zeichen        30
** Gesamt **                    54
```

```
. USE AUFPOSKD

. DISPLAY STRUCTURE

Datenbankstruktur      : A:AUFPOSKD.dbf

Anzahl der Datensätze :       10

Letztes Änderungsdatum: 29.02.88

Feld    Feldname    Typ         Länge   Dez

   1  AUFNR       Numerisch       3

   2  DATUM       Datum           8

   3  TERMIN      Datum           8

   4  POSNR       Numerisch       1

   5  TEILENR     Numerisch       3

   6  TEILEANZ    Numerisch       3

   7  KDNR        Numerisch       3
** Gesamt **                    30
```

# Lösung der Aufgabe 4.4:

Fortsetzung des Dialogs von Lösung der Aufgabe 4.3:

```
. USE AUFPOSKD

. COPY TO AUFPOS
```

```
      10 Sätze kopiert
. COPY TO AUFTRAG

      10 Sätze kopiert

. USE AUFPOS

. MODIFY STRUCTURE
```

| Feldname | Typ | Länge | Dez |
|---|---|---|---|
| 1 AUFNR | Numerisch | 3 | 0 |
| 2 POSNR | Numerisch | 1 | 0 |
| 3 TEILENR | Numerisch | 3 | 0 |
| 4 TEILEANZ | Numerisch | 3 | 0 |

| Feldname | Typ | Länge | Dez |
|---|---|---|---|

```
      10 Sätze addiert

. USE AUFTRAG

. MODIFY STRUCTURE
```

| Feldname | Typ | Länge | Dez |
|---|---|---|---|
| 1 AUFNR | Numerisch | 3 | 0 |
| 2 DATUM | Datum | 8 | |
| 3 TERMIN | Datum | 8 | |
| 4 KDNR | Numerisch | 3 | 0 |

| Feldname | Typ | Länge | Dez |
|---|---|---|---|

```
      10 Sätze addiert
```

# Lösung der Aufgabe 5.1:

```
. CLOSE DATABASES

. SELECT 1

. USE KUNDE

. SELECT 2

. USE AUFTRAG

. SELECT 3

. USE AUFPOS

. DISPLAY STATUS
Arbeitsbereich: 1, Datenbank eröffnet: A:KUNDE.dbf  Alias: KUNDE
```

Arbeitsbereich: 2, Datenbank eröffnet: A:AUFTRAG.dbf Alias: AUFTRAG

Aktuell selektierte Datenbank

Arbeitsbereich: 3, Datenbank eröffnet: A:AUFPOS.dbf  Alias: AUFPOS

Datei-Suchpfad:

Aktuelles Laufwerk    : A:

Ziel für Druckausgabe: PRN:

Rand =      0

Aktueller Arbeitsbereich =     3

Irgendeine Taste drücken um weiterzumachen...

ALTERNATE  - ON DELETED - OFF FIXED     - OFF SAFETY     - ON

BELL      - ON DELIMITERS - OFF HEADING  - ON SCOREBOARD - ON

CARRY   - ON  DEVICE    - SCRN  HELP   - ON STATUS      - ON

CATALOG - OFF DOHISTORY - OFF HISTORY  - ON STEP       - OFF

CENTURY - OFF ECHO      - OFF INTENSITY - ON TALK       - ON

CONFIRM - OFF ESCAPE    - ON  MENU     - ON TITLE      - ON

CONSOLE - ON  EXACT     - OFF PRINT    - OFF UNIQUE   - OFF

DEBUG   - OFF FIELDS    - OFF

Programmierbare Funktions-Tasten:

F2  - assist;

F3  - list;

F4  - dir;

F5  - display structure;

F6  - display status;

F7  - display memory;

F8  - display;

F9  - append;

F10 - edit;

. LIST

| Satznummer | AUFNR | POSNR | TEILENR | TEILEANZ |
|---|---|---|---|---|
| 1 | 416 | 1 | 116 | 60 |
| 2 | 416 | 2 | 37 | 60 |
| 3 | 416 | 3 | 128 | 30 |

| | | | | |
|---|---|---|---|---|
| 4 | 417 | 1 | 37 | 20 |
| 5 | 417 | 2 | 116 | 20 |
| 6 | 418 | 1 | 128 | 10 |
| 7 | 418 | 2 | 116 | 15 |
| 8 | 419 | 1 | 37 | 10 |
| 9 | 419 | 2 | 116 | 5 |
| 10 | 419 | 3 | 128 | 10 |

```
. SELECT 2
. LIST
```

| Satznummer | AUFNR | DATUM | TERMIN | KDNR |
|---|---|---|---|---|
| 1 | 416 | 11.11.87 | 05.02.88 | 317 |
| 2 | 416 | 11.11.87 | 05.02.88 | 317 |
| 3 | 416 | 11.11.87 | 05.02.88 | 317 |
| 4 | 417 | 11.11.87 | 15.02.88 | 406 |
| 5 | 417 | 11.11.87 | 15.02.88 | 406 |
| 6 | 418 | 12.11.87 | 29.01.88 | 177 |
| 7 | 418 | 12.11.87 | 29.01.88 | 177 |
| 8 | 419 | 12.11.87 | 10.02.88 | 317 |
| 9 | 419 | 12.11.87 | 10.02.88 | 317 |
| 10 | 419 | 12.11.87 | 10.02.88 | 317 |

```
. SELECT 1
. LIST
```

| Satznummer | KDNR | KDNAME | KDANSCH |
|---|---|---|---|
| 1 | 317 | Firma Meyer | Walterweg 10, 2800 Bremen |
| 2 | 177 | Firma Schulze | Hansestr. 22, 2800 Bremen |
| 3 | 406 | Firma Kunze | Parkallee 20, 2800 Bremen |

# Lösung der Aufgabe 5.2:

```
. CLOSE DATABASES
. USE AUFTRAG
. LIST
```

```
Satznummer   AUFNR DATUM     TERMIN    KDNR

     1         416 11.11.87 05.02.88   317

     2         416 11.11.87 05.02.88   317

     3         416 11.11.87 05.02.88   317

     4         417 11.11.87 15.02.88   406

     5         417 11.11.87 15.02.88   406

     6         418 12.11.87 29.01.88   177

     7         418 12.11.87 29.01.88   177

     8         419 12.11.87 10.02.88   317

     9         419 12.11.87 10.02.88   317

    10         419 12.11.87 10.02.88   317
```

Zu löschen sind die Sätze 2, 3, 5, 7, 9 und 10!


# Lösung der Aufgabe 5.3:

```
. CLOSE DATABASES

. SET ALTERNATE TO DIALOG.TXT

. SET ALTERNATE ON

. SELECT 1

. USE AUFTRAG

. GO 2

. SELECT 2

. USE AUFPOS

. DISPLAY AUFNR, AUFTRAG -> AUFNR FOR AUFNR <= 417
Satznummer   AUFNR   AUFTRAG -> AUFNR

     1         416           416

     2         416           416

     3         416           416

     4         417           416

     5         417           416


. CLOSE ALTERNATE
```

# Lösung der Aufgabe 5.4:

. CLOSE DATABASES

. USE KUNDE

. CREATE LABEL KUNDE

Inhalt des Auswahl-Menüs:

```
 Auswahl                        Inhalt                        Ende  15:48:11
┌─────────────────────────────────────────────────────────┐
│ Größe definieren:        101,6 x 35,7 x 2                 │
├─────────────────────────────────────────────────────────┤
│ Breite des LABELs:       30                               │
│ Höhe des LABELs:          2                               │
│ Linker Rand:              5                               │
│ Zeilen zwischen LABELs:   2                               │
│ Platz zwischen LABELs:   10                               │
│ LABELs nebeneinander:     2                               │
└─────────────────────────────────────────────────────────┘
```

Inhalt des Inhalt-Menüs:

Auswahl

```
 Auswahl                         Inhalt                        Ende  15:48:48
                    ┌──────────────────────────────────────────────┐
                    │ Inhalt LABEL 1:      KDNAME                   │
                    │              2:      KDANSCH                  │
                    └──────────────────────────────────────────────┘
```

. LABEL FORM KUNDE

        Firma Meyer                 Firma Schulze

        Walterweg 10, 2800 Bremen   Hansestraße 22, 2800 Bremen


        Firma Kunze

        Parkallee 20, 2800 Bremen


# Lösung der Aufgabe 6.1:

. CLOSE DATABASES

. USE AUFTRAG

. GO 2

. DELETE NEXT 2

        2 Sätze gelöscht

```
. DELETE RECORD 5

      1 Satz gelöscht

. DELETE RECORD 7

      1 Satz gelöscht

. GO 9

. DELETE REST

      2 Sätze gelöscht

. PACK

      4 Sätze kopiert
```

## Lösung der Aufgabe 6.2:

Fortsetzung des Dialogs von Lösung der Aufgabe 6.1:

```
. REPLACE ALL KDNR WITH 371 FOR KDNR = 317

      2 Sätze ersetzt

. USE KUNDE

. REPLACE ALL KDNR WITH 371 FOR KDNR = 317

      1 Satz ersetzt

. USE AUFPOSKD

. REPLACE ALL KDNR WITH 371 FOR KDNR = 317

      6 Sätze ersetzt
```

## Lösung der Aufgabe 6.3:

```
. MODIFY COMMAND AUFTRAG.FMT
```

Eingabe der folgenden Befehlszeilen:

```
a 3, 5 SAY "Auftragsnummer:" GET AUFNR PICTURE "999"

a 3, 30 SAY "Datum:" GET DATUM PICTURE "99.99.99"

a 3, 50 SAY "Termin:" GET TERMIN PICTURE "99.99.99"

a 5, 5 SAY "Kundennummer:" GET KDNR PICTURE "999"
```

```
. MODIFY COMMAND AUFPOS.FMT
```

Eingabe der folgenden Befehlszeilen:

```
@ 3, 5 SAY "Auftragsnummer:" GET AUFNR PICTURE "999"

@ 5, 5 SAY "Positionsnummer:" GET POSNR PICTURE "9"

@ 5, 30 SAY "Teilenummer:" GET TEILENR PICTURE "999"

@ 5, 50 SAY "Teileanzahl:" GET TEILEANZ PICTURE "999"
```

## Lösung der Aufgabe 6.4:

```
. CLOSE DATABASES

. USE AUFTRAG

. SET FORMAT TO AUFTRAG

. APPEND
                    ◄─────────── Eingabe der Daten: 420 12.11.87 05.02.88
                                                     406
. USE AUFPOS

. SET FORMAT TO AUFPOS

. APPEND
                    ◄─────────── Eingabe der Daten: 420 1 116  20
                                                     420 2 037  30
```

## Lösung der Aufgabe 6.5:

```
. CREATE SCREEN AUFTRSCR
```
Inhalt des Zeichenbretts:

| Aufbau | Ändern | Optionen | Ende | 15:50:11 |
|---|---|---|---|---|

```
    Auftragsnummer:999       Datum:99.99.99       Termin:99.99.99
    Kundennummer:999
```

```
. CREATE SCREEN AUFPSCR
```
Inhalt des Zeichenbretts:

| Aufbau | Ändern | Optionen | Ende | 15:50:59 |
|---|---|---|---|---|

```
    Auftragsnummer:999

    Positionsnummer:9       Teilenummer:999     Teileanzahl:999
```

# Lösung der Aufgabe 7.1:

```
. CLOSE DATABASES
. USE AUFTRAG
. COUNT
      5 Sätze
```

# Lösung der Aufgabe 7.2:

Weiterführung des Dialogs von Lösung der Aufgabe 7.1:

```
. USE AUFPOS
. SUM ALL TEILEANZ FOR TEILENR = 116 .OR. TEILENR = 128
      8 Sätze summiert
   TEILEANZ
       170
```

# Lösung der Aufgabe 7.3:

Weiterführung des Dialogs von Lösung der Aufgabe 7.2:

```
. AVERAGE TEILEANZ FOR TEILENR = 37
      4 Sätze gemittelt
   TEILEANZ
       30
```

# Lösung der Aufgabe 7.4:

```
. CLOSE DATABASES
. USE AUFPOS
. SORT TO AUFPOSS ON TEILENR
   00% sortiert
   100% sortiert     12 Sätze sortiert
```

# Lösung der Aufgabe 7.5:

. CLOSE DATABASES

. USE AUFPOSS

. CREATE REPORT AUFPOSS

Inhalt des Gruppe-Menüs:

Inhalt des Spalte-Menüs:

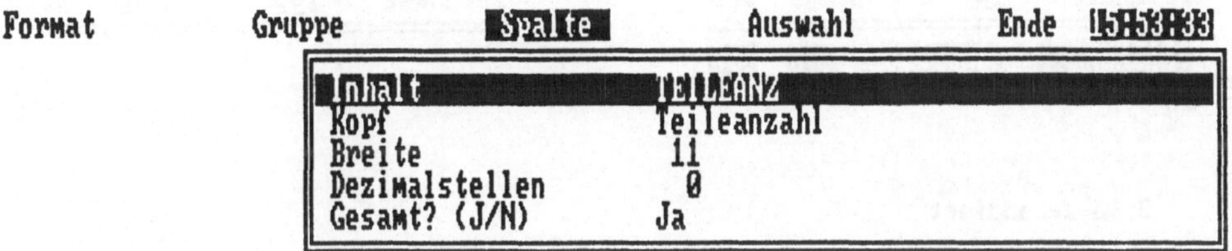


. REPORT FORM AUFPOSS


       Teileanzahl



    ** Teilenummer  37

    ** Gruppensumme **

          120



    ** Teilenummer 116

    ** Gruppensumme **

          120

```
** Teilenummer 128

** Gruppensumme **

        50

***  Gesamt  ***

       290
```

# Lösung der Aufgabe 7.6:

Weiterführung des Dialogs von Lösung der Aufgabe 7.5:

```
. TOTAL ON TEILENR TO TEILETOT FIELDS TEILEANZ

    12 Sätze addiert

     3 Sätze erzeugt

. USE TEILETOT

. MODIFY STRUCTURE
```

| Feldname | Typ | Länge | Dez | | Feldname | Typ | Länge | Dez |
|---|---|---|---|---|---|---|---|---|
| 1 TEILENR | Numerisch | 3 | 0 | | | | | |
| 2 TEILEANZ | Numerisch | 3 | 0 | | | | | |

```
     3 Sätze addiert

. LIST

Satznummer  TEILENR TEILEANZ

     1         37     120

     2        116     120

     3        128      50
```

# Lösung der Aufgabe 8.1:

```
. CLOSE DATABASES

. * zu(F3)

. USE AUFTRAG

. INDEX ON AUFNR TO NR_AUFTR

  00% indiziert

 100% indiziert          5 Sätze indiziert
```

. * zu (F1)

. USE AUFPOS

. INDEX ON TEILENR TO TEILENR

  00% indiziert

  100% indiziert        12 Sätze indiziert

. * zu (F4)

. INDEX ON AUFNR TO NR_AUFP

  00% indiziert

  100% indiziert        12 Sätze indiziert

# Lösung der Aufgabe 8.2:

Weiterführung des Dialogs von Lösung der Aufgabe 8.1:

a)

. SET INDEX TO TEILENR

. SEEK 037

. DISPLAY WHILE TEILENR = 37

| Satznummer | AUFNR | POSNR | TEILENR | TEILEANZ |
|---|---|---|---|---|
| 2 | 416 | 2 | 37 | 60 |
| 4 | 417 | 1 | 37 | 20 |
| 8 | 419 | 1 | 37 | 10 |
| 12 | 420 | 2 | 37 | 30 |

b)

. USE AUFTRAG INDEX NR_AUFTR

. SEEK 418

. DISPLAY DATUM, TERMIN

| Satznummer | DATUM | TERMIN |
|---|---|---|
| 3 | 12.11.87 | 29.01.88 |

c)

```
. USE AUFPOS INDEX NR_AUFP

. SEEK 418

. DISPLAY TEILENR, POSNR WHILE AUFNR = 418
Satznummer  TEILENR  POSNR
     6         128      1
     7         116      2
```

# Lösung der Aufgabe 9.1:

```
. CLOSE DATABASES

. USE AUFPOSKD

. COPY TO P_AUFTRK FIELDS AUFNR, DATUM, TERMIN, KDNR
     10 Sätze kopiert

. COPY TO P_AUFPOS FIELDS AUFNR, POSNR, TEILENR, TEILEANZ
     10 Sätze kopiert

. USE P_AUFTRK

. INDEX ON AUFNR TO P_AUFTRK UNIQUE
   00% indiziert

  100% indiziert           4 Sätze indiziert

. COPY TO P_AUFTR
      4 Sätze kopiert

. ERASE P_AUFTRK.DBF

. ERASE P_AUFTRK.NDX

. USE P_AUFTR

. LIST
Satznummer  AUFNR DATUM    TERMIN    KDNR
     1       416 11.11.87 05.02.88  371
     2       417 11.11.87 15.02.88  406
     3       418 12.11.87 29.01.88  177
     4       419 12.11.87 10.02.88  371
```

```
. USE P_AUFPOS
. LIST
```

| Satznummer | AUFNR | POSNR | TEILENR | TEILEANZ |
|---|---|---|---|---|
| 1 | 416 | 1 | 116 | 60 |
| 2 | 416 | 2 | 37 | 60 |
| 3 | 416 | 3 | 128 | 30 |
| 4 | 417 | 1 | 37 | 20 |
| 5 | 417 | 2 | 116 | 20 |
| 6 | 418 | 1 | 128 | 10 |
| 7 | 418 | 2 | 116 | 15 |
| 8 | 419 | 1 | 37 | 10 |
| 9 | 419 | 2 | 116 | 5 |
| 10 | 419 | 3 | 128 | 10 |

# Lösung der Aufgabe 9.2:

```
. CLOSE DATABASES
. SELECT 2
. USE P_AUFTR
. SELECT 1
. USE KUNDE
. JOIN WITH P_AUFTR TO HILFE FOR KDNR = P_AUFTR -> KDNR
     4 Sätze zusammengefügt
. USE HILFE
. SELECT 2
. USE P_AUFPOS
. SELECT 1
. JOIN WITH P_AUFPOS TO BESTAND FOR AUFNR = P_AUFPOS -> AUFNR
     10 Sätze zusammengefügt
```

# Lösung der Aufgabe 9.3:

. CLOSE DATABASES

. USE AUFTRAG

. SET FILTER TO DATUM >= CTOD("12.11.87")

. COUNT

     3 Sätze

. COUNT FOR TERMIN < CTOD("1.2.88")

     1 Satz

# Lösung der Aufgabe 9.4:

. CLOSE DATABASES

. USE AUFTRAG

. CREATE QUERY AUFTRAG1

Inhalt des "Setze Filter"-Menüs:

```
 Setze Filter        Verknüpfung          Anzeige         Ende

 ┌─────────────────────────────────────────────────┐
 │ Feldname           DATUM                         │
 │ Operand            Kleiner oder gleich           │
 │ Konstante/Ausdruck CTOD("11.11.87")              │
 │ Verbindung                                       │
 │                                                  │
 │ Zeilennummer       1                             │
 └─────────────────────────────────────────────────┘
```

. COPY FILE AUFTRAG1.QRY TO AUFTRAG2.QRY

     512 Bytes kopiert

. MODIFY QUERY AUFTRAG2

Inhalt des "Setze Filter"-Menüs:

```
 Setze Filter        Verknüpfung          Anzeige         Ende

 ┌─────────────────────────────────────────────────┐
 │ Feldname           TERMIN                        │
 │ Operand            Kleiner oder gleich           │
 │ Konstante/Ausdruck CTOD("1.2.88")                │
 │ Verbindung                                       │
 │                                                  │
 │ Zeilennummer       1                             │
 └─────────────────────────────────────────────────┘
```

```
. COPY FILE AUFTRAG1.QRY TO AUFTRAG3.QRY

   512 Bytes kopiert

. MODIFY QUERY AUFTRAG3
```

Inhalt des "Setze Filter"-Menüs:

```
 Setze Filter          Verknüpfung          Anzeige          Ende  15:59:04
 ┌─────────────────────────────────────────────────────┐
 │ Feldname              TERMIN                          │
 │ Operand               Kleiner oder gleich             │
 │ Konstante/Ausdruck    CTOD("1.2.88")                  │
 │ Verbindung                                            │
 │                                                       │
 │ Zeilennummer          2                               │
 └─────────────────────────────────────────────────────┘
```

| Zeile | Feld   | Operand            | Konstante/Ausdruck | Verbindung |
|-------|--------|--------------------|--------------------|------------|
| 1     | DATUM  | Kleiner oder gleich | CTOD("12.11.87")  | .AND.      |
| 2     | TERMIN | Kleiner oder gleich | CTOD("1.2.88")    |            |
| 3     |        |                    |                    |            |

```
. SET FILTER TO FILE AUFTRAG1

. DISPLAY ALL

Satznummer  AUFNR DATUM    TERMIN   KDNR

      1        416 11.11.87 05.02.88  371

      2        417 11.11.87 15.02.88  406


. SET FILTER TO FILE AUFTRAG2

. DISPLAY ALL

Satznummer  AUFNR DATUM    TERMIN   KDNR

      3        418 12.11.87 29.01.88  177


. SET FILTER TO FILE AUFTRAG3

. DISPLAY ALL

Satznummer  AUFNR DATUM    TERMIN   KDNR

      3        418 12.11.87 29.01.88  177
```

# Lösung der Aufgabe 10.1:

```
. CLOSE DATABASES

. SELECT 2

. USE KUNDE

. INDEX ON KDNR TO KUNDE

  00% indiziert

  100% indiziert              3 Sätze indiziert

. SELECT 1

. USE AUFTRAG

. SET RELATION TO KDNR INTO KUNDE

. LOCATE FOR AUFNR = 417

Satz  =      2

. DISPLAY AUFNR, KDNR, KUNDE->KDNR, KUNDE->KDNAME, KUNDE- >KDANSCH

Satznummer AUFNR KDNR KUNDE->KDNR KUNDE->KDNAME    KUNDE- >KDANSCH
       2     417  406          406 Firma Kunze     Parkallee 20, 2800 Breme
n
```

# Lösung der Aufgabe 10.2:

Inhalt der View-Datei AUFTRAG.VUE muß sein:

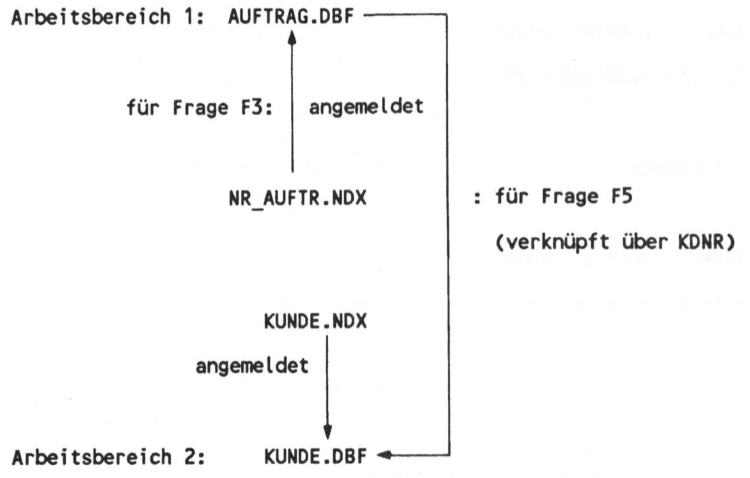

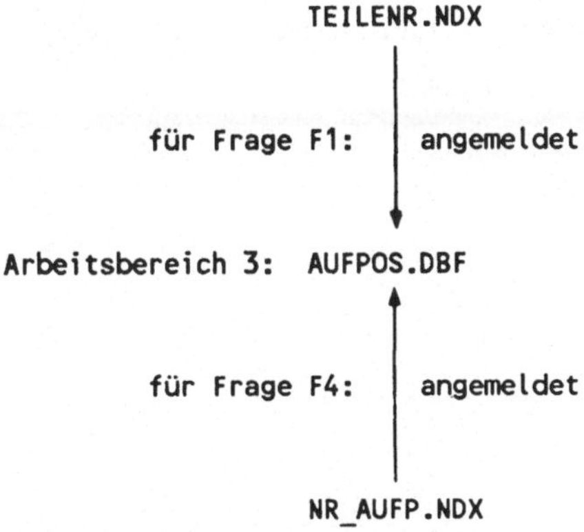

```
                        TEILENR.NDX

                             │
        für Frage F1:        │   angemeldet
                             ▼
Arbeitsbereich 3:   AUFPOS.DBF
                             ▲
        für Frage F4:        │   angemeldet
                             │

                        NR_AUFP.NDX
```

## Dies läßt sich wie folgt umsetzen:

```
. CLOSE DATABASES

. SELECT 1

. USE AUFTRAG INDEX NR_AUFTR

. SELECT 2

. USE KUNDE INDEX KUNDE

. SELECT 3

. USE AUFPOS INDEX TEILENR, NR_AUFP

. SELECT 1

. SET RELATION TO KDNR INTO KUNDE

. CREATE VIEW AUFTRAG FROM ENVIRONMENT

. DISPLAY STATUS

Aktuell selektierte Datenbank

Arbeitsbereich: 1, Datenbank eröffnet: A:AUFTRAG.dbf Alias: AUFTRAG

       Haupt Index-Datei: A:NR_AUFTR.ndx  Schlüssel: AUFNR

           verknüpft mit: KUNDE

           Verknüpfung  : KDNR


Arbeitsbereich: 2, Datenbank eröffnet: A:KUNDE.dbf  Alias: KUNDE

       Haupt Index-Datei: A:KUNDE.ndx  Schlüssel: KDNR

Irgendeine Taste drücken um weiterzumachen...
```

```
Arbeitsbereich: 3, Datenbank eröffnet: A:AUFPOS.dbf  Alias:  AUFPOS
      Haupt Index-Datei: A:TEILENR.ndx  Schlüssel: TEILENR
           Index-Datei: A:NR_AUFP.ndx  Schlüssel: AUFNR


Datei-Suchpfad:

Aktuelles Laufwerk   : A:

Ziel für Druckausgabe: PRN:

Rand =     0

Aktueller Arbeitsbereich =    1


Irgendeine Taste drücken um weiterzumachen...


*** Abgebrochen ***       ◄─── durch Druck der Escape-Taste
```

# Lösung der Aufgabe 10.3:

```
. CLOSE DATABASES
. SET CATALOG TO AUFTRAG
Erzeugen einer neuen CATALOG-Datei? (J/N) Ja
AUFTRAG.cat:
CATALOG-Datei ist leer
. SET VIEW TO AUFTRAG
AUFTRAG.vue:
. USE AUFTRAG INDEX NR_AUFTR
AUFTRAG.dbf:
. SET FORMAT TO AUFTRAG
AUFTRAG.fmt:
. MODIFY SCREEN AUFTRSCR
AUFTRSCR.scr:
AUFTRSCR.fmt:
. SET FILTER TO FILE AUFTRAG1
```

```
. SET FILTER TO FILE AUFTRAG2

. SET FILTER TO FILE AUFTRAG3

. SELECT 2

. USE KUNDE INDEX KUNDE
```

KUNDE.dbf:

```
. MODIFY LABEL KUNDE

. SELECT 3

. USE AUFPOS INDEX TEILENR, NR_AUFP
```

AUFPOS.dbf:

```
. SET FORMAT TO AUFPOS
```

AUFPOS.fmt:

```
. MODIFY SCREEN AUFPSCR
```

AUFPSCR.scr:

AUFPSCR.fmt:

```
. USE AUFPOSKD
```

AUFPOSKD.dbf:

```
. USE TEILETOT
```

TEILETOT.dbf:

```
. USE AUFPOSS
```

AUFPOSS.dbf:

```
. MODIFY REPORT AUFPOSS
```

AUFPOSS.frm:

```
. USE P_AUFPOS
```

P_AUFPOS.dbf:

```
. USE P_AUFTR
```

P_AUFTR.dbf:

```
. USE BESTAND
```

BESTAND.dbf:

# Lösung der Aufgabe 11.1:

```
. MODIFY COMMAND FRAGEN
```
Inhalt der Prozedur-Datei FRAGEN.PRG:

```
PROCEDURE FRAGE1
CLOSE DATABASES
SELECT 2
USE AUFPOS INDEX TEILENR ALIAS FRAGE1
RETURN


PROCEDURE FRAGE3
CLOSE DATABASES
SELECT 1
USE AUFTRAG INDEX NR_AUFTR ALIAS FRAGE3
RETURN


PROCEDURE FRAGE4
CLOSE DATABASES
SELECT 3
USE AUFPOS INDEX NR_AUFP ALIAS FRAGE4
RETURN


PROCEDURE FRAGE5
CLOSE DATABASES
SELECT 2
USE KUNDE INDEX KUNDE
SELECT 1
USE AUFTRAG INDEX NR_AUFTR ALIAS FRAGE5
SET RELATION TO KDNR INTO KUNDE
RETURN
```

# Lösung der Aufgabe 12.1:

In die Befehls-Datei ERFSSNG.PRG sind die folgenden Befehlszeilen mit
"MODIFY COMMAND ERFSSNG" einzutragen:

```
* Programm zur Erfassung von Auftragsdaten
SET TALK OFF
USE KUNDE INDEX KUNDE
INPUT "Gib Kundennummer:" TO KDNR_V
SEEK KDNR_V
IF .NOT. FOUND()
   APPEND BLANK
   ACCEPT "Gib Kundenname:" TO KDNAME_V
   ACCEPT "Gib Kundenanschrift:" TO KDANSCH_V
   REPLACE KDNR WITH KDNR_V,;
           KDNAME WITH KDNAME_V, KDANSCH WITH KDANSCH_V
ELSE
   ?"Kundennummer ist Stammdatum"
ENDIF
USE AUFTRAG INDEX NR_AUFTR
APPEND BLANK
REPLACE KDNR WITH KDNR_V
CLEAR
AUFNR_V = 0
@ 3, 5 SAY "Gib Auftragsnummer:" GET AUFNR_V PICTURE "999"
@ 3, 30 SAY "Gib Datum:" GET DATUM PICTURE "99.99.99"
@ 3, 60 SAY "Gib Termin:" GET TERMIN PICTURE "99.99.99"
READ
REPLACE AUFNR WITH AUFNR_V
USE AUFPOS INDEX NR_AUFP, TEILENR
ABBRUCH_V = "N"
DO WHILE (ABBRUCH_V = "N" .OR. ABBRUCH_V = "n")
   CLEAR
   APPEND BLANK
   @ 5, 5 SAY "Gib Positionsnummer:" GET POSNR PICTURE "9"
```

```
     @ 5, 30 SAY "Gib Teilenummer:" GET TEILENR PICTURE "999"

     @ 5, 60 SAY "Gib Teileanzahl:" GET TEILEANZ PICTURE "999"

     READ

     REPLACE AUFNR WITH AUFNR_V

     ACCEPT "Abbruch(J/N):" TO ABBRUCH_V

ENDDO

SET TALK ON
```

## Lösung der Aufgabe 12.2:

In die Befehls-Datei LOESCHEN.PRG sind die folgenden Befehlszeilen mit
"MODIFY COMMAND LOESCHEN" einzutragen:

```
*Programm zur (logischen) Löschung von Auftragsdaten

SET TALK OFF

ABBRUCH_V ="N"

SELECT 1

USE AUFTRAG INDEX NR_AUFTR

SELECT 2

USE AUFPOS INDEX NR_AUFP, TEILENR

DO WHILE (ABBRUCH_V = "N" .OR. ABBRUCH_V = "n")

    INPUT "Gib Auftragsnummer:" TO AUFNR_V

    SELECT 1

    SEEK AUFNR_V

    IF FOUND()

       DELETE

       SELECT 2

       SEEK AUFNR_V

       DELETE WHILE AUFNR_V = AUFNR

       ?"(logische) Löschung wurde durchgeführt!"

    ELSE

       ?"Auftragsnummer nicht gefunden!"

    ENDIF

    ACCEPT "Abbruch(J/N):" TO ABBRUCH_V

ENDDO

SET TALK ON
```

## Lösung der Aufgabe 12.3:

Mit dem Befehl MODIFY COMMAND ist die Prozedur-Datei
AUFTRAG.PRG einzurichten. Im Dialog werden die Inhalte der beiden
Befehls-Dateien ERFSSNG.PRG und LOESCHEN.PRG nacheinander in die
Prozedur-Datei übertragen, indem die Tastenkombination "Ctrl+KR" zur
Eingabe von Dateiinhalten betätigt wird. Anschließend sind die übertragenen
Befehlsfolgen in die Struktur von Prozeduren umzuformen, so daß sich ergibt:

```
PROCEDURE ERFSSNG


    Inhalt der oben für ERFSSNG.PRG angegebenen Befehlsfolge



RETURN

PROCEDURE LOESCHEN


    Inhalt der oben für LOESCHEN.PRG angegebenen Befehlsfolge



RETURN
```


## Lösung der Aufgabe 12.4:

```
. CLOSE DATABASES

. SET PROCEDURE TO AUFTRAG

. DO LOESCHEN

              ◄─────── Eingabe von: 417

. DO ERFSSNG

              ◄───────────── es sind die folgenden Werte einzugeben:

              1. Maske:  421   12.11.87   10.02.88

                         177

              2. Maske: 1. Satz: 421   1   116   60

                        2. Satz: 421   2   037   60

                        3. Satz: 421   3   128   30

. CLOSE PROCEDURE
```

# Lösung der Aufgabe 12.5:

In die Prozedur-Datei AUFTRAG.PRG sind die folgenden Befehlszeilen nachzutragen:

```
PROCEDURE ABFRAGE

* Programm zur Ausgabe der Teilenummern und der

* zugehörigen Teileanzahlen für eine Kundennummer

SET TALK OFF

SET HEADING OFF

SELECT 2

USE AUFPOS INDEX NR_AUFP

SELECT 1

USE AUFTRAG

SET RELATION TO AUFNR INTO AUFPOS

INPUT "Gib Kundennummer:" TO KDNR_V

LOCATE FOR KDNR = KDNR_V

IF FOUND()

   ?" "

   ?" NR   ANZ"

   ?" "

   DO WHILE .NOT. EOF()

      SELECT 2

      DO WHILE AUFNR = AUFTRAG -> AUFNR

         DISPLAY OFF TEILENR, TEILEANZ

         SKIP

      ENDDO

      SELECT 1

      SKIP

      LOCATE REST FOR KDNR = KDNR_V

   ENDDO

ELSE

   ?"Fehler: Kundennummer existiert nicht!"

ENDIF

SET TALK ON
```

```
SET HEADING ON

RETURN
```

Anschließend sind die folgenden Befehle auszuführen:

```
. SET PROCEDURE TO AUFTRAG


. DO ABFRAGE
Gib Kundennummer: ←Eingabe des Werts 371 mit dem Resultat:

 NR  ANZ

116  60

 37  60

128  30

 37  10

116   5

128  10
```

# Literaturverzeichnis

Als Quelle für diese dBASE-Beschreibung diente das Handbuch:

"dBASE III PLUS, Einführung / Benutzung", Ashton-Tate, 1986

Als kompaktes Nachschlagewerk für die dBASE-Befehle und die Funktionen ist zu empfehlen:

"dBASE III PLUS, griffbereit"
Vieweg Verlag, Braunschweig, 1987

Der Einsatz von DB-Systemen wird z.B. in dem folgenden Lehrbuch beschrieben:

"Informationssysteme und Datenbanken", C.A. Zehnder,

B.G. Teubner Stuttgart, 1985

# Sachwortverzeichnis